おはなし科学・技術シリーズ

液晶のおはなし

/その不思議な振舞いを探る/

竹添 秀男 著

日本規格協会

まえがき

"液晶"という言葉は今では誰でも知っています．でもほとんどの人は"液晶"とは"薄型ディスプレイ"のことだと思っているのではないでしょうか．薄型ディスプレイにはいろいろな種類があり，液晶ディスプレイはその中の一つの種類です．でも，もちろん"液晶"は"液晶ディスプレイ"のことではありません．とはいっても，じゃあ"液晶って何？"といわれてちゃんと説明できる人がどれほどいるでしょう．ましてや，液晶ディスプレイのしくみをちゃんと説明できる人がどれほどいるでしょうか．この本ではこれらの質問に答えることを主な目的とします．

最初の2章では，液晶の物理や光学はさておき，とにかく，液晶が何であり（第1章），液晶ディスプレイがどのようなしくみで画像を表示しているのか（第2章）を理解できるようにやさしい記述にとどめました．その後の2章はもう少し液晶の性質や（第3章），液晶ディスプレイの技術（第4章）を詳しく知りたい人のために設けました．最後の2章では，最近の新しい液晶の科学（第5章）やディスプレイ以外の液晶の応用（第6章）に対してもページを割きました．

最近亡くなったフランスの物理学者ドゥジャン博士は，液晶の物理でノーベル賞を受賞しています．また，日本における世界的な賞である京都賞にも液晶関連で二人の受賞者がいます．一人はイギリスのグレイ博士で，第2章で紹介する室温で安定な液晶の合成に成功した合成化学者です．もう一人は，液晶のディスプレイを世界で初めて発表したアメリカのハイルマイヤー博士です．これについて

は，第4章で液晶ディスプレイが開発されたころのドラマを紹介しました．ドゥジャン博士は"液晶は物理と化学の間に生まれた美しい子どもである"といっています．今この子どもが"薄膜ディスプレイ"という，立派な大人に成長したということができるでしょう．

　今後，この大人がどのように成長していくのでしょう．世の中で人が生きていくには社会や環境が大きな影響を及ぼします．これは技術の世界も同じです．液晶ディスプレイが成長するためには液晶材料はもとより，偏光板，バックライト，カラーフィルター，薄膜トランジスターなど多くの周辺材料の進歩が必要です．携帯電話でどこでも画像をやり取りできる，コンピュータを持ち運び，どこでも仕事ができる，車に乗ればカーナビが行き先を教えてくれる．これらにはすべてディスプレイという，機械と人間をつなぐインターフェースが存在するのです．でも，いくらよいディスプレイがあっても周辺技術が成熟していなければ，このような技術を我々は享受することはできないのです．

　こんなディスプレイがあったらいいなと考えながら本書を読んでみてください．ひょっとしたら，そんなものはもうあるのかもしれませんし，もうすぐに登場するかもしれません．人間の知恵はたいていの夢を実現していきます．できれば，将来の技術の方向が環境にやさしいものであることを祈って．

2008年2月6日

竹添　秀男

目　　次

まえがき

第1章　液晶事始

1.1　液晶はディスプレイのことではない ……………………………… 12
　　　物質の三態／三態を区別するには
1.2　液晶状態とはどんな状態か ……………………………………… 13
　　　液晶の正体／異方性分子が作る液晶状態／
　　　ダイレクターと秩序度／ダイレクターの揺らぎと光散乱
1.3　分子の作る様々な液晶構造 ……………………………………… 18
　　　ネマチック液晶とスメクチック液晶／
　　　円板状分子の作る液晶状態
1.4　液晶分子の化学構造 ……………………………………………… 21
　　　歴史的に重要な液晶化合物／液晶分子の構造
1.5　分子の利き手 ……………………………………………………… 24
　　　光学異性体／キラル分子の作るらせん構造
1.6　生体と分子の利き手 ……………………………………………… 28
　　　自然界におけるキラリティ／生体によるキラル認識
1.7　液晶発見小史 ……………………………………………………… 31
　　　液晶はいつ，どこで，どのように発見されたか／
　　　液晶の発見者は誰か
1.8　まだまだあるぞ，その他の液晶 ………………………………… 34
　　　分子の大きさによる液晶の分類／相転移による液晶の分類／
　　　リオトロピック液晶の種類／生体内の液晶構造

第2章 液晶ディスプレイのしくみ

2.1 液晶ディスプレイは液晶を使った光のシャッター 44
　　直線偏光／ガラスにサンドイッチされた液晶
2.2 TN型液晶ディスプレイ 47
2.3 ガラス表面での液晶分子の配向 49
　　液晶の配向制御法／垂直配向と水平配向
2.4 ラビングでどうして液晶が並ぶ？ 52
　　溝に沿って液晶が並ぶ／溝がなくても液晶は並ぶ
2.5 表面での微妙な工夫とディスプレイ性能 54
　　ねじれ配向へのプレチルトの役割／
　　スイッチング時のプレチルトの役割
2.6 液晶テレビに用いられるディスプレイ方式 57
　　異方性物質中での光の伝播／VA型液晶ディスプレイ／
　　IP型液晶ディスプレイ
2.7 液晶シャッターをどうやって液晶テレビにするか（1）
　　—字や絵を出すにはどうするか 61
　　セグメント表示／マトリックス表示／STN型ディスプレイ
2.8 液晶シャッターをどうやって液晶テレビにするか（2）
　　—シャッタースピードは十分速いか 65
　　パッシブ型とアクティブ型／薄膜トランジスタ
2.9 色をつけるにはどうするのか 67

第3章 液晶の科学—物性

3.1 液晶は弾性体 72
　　液晶のもつ弾性／弾性の効果

3.2 電気的異方性 ………………………………………… 74
　　正の誘電異方性, 負の誘電異方性／電圧印加による配向変化
3.3 洋ナシ形分子とバナナ形分子 ………………………… 77
3.4 液晶のアンカリングと配向変化 ……………………… 79
　　液晶のアンカリング／外場による配向変化
3.5 光学的異方性 …………………………………………… 82
　　複屈折／異方性物質中での光の伝播
3.6 結晶の欠陥構造と液晶の欠陥構造 …………………… 84
　　転位／転傾
3.7 液晶特有の欠陥構造 …………………………………… 87
　　転傾の顕微鏡像／くさび転傾とねじれ転傾

第4章 まだまだ進化する液晶ディスプレイ

4.1 液晶ディスプレイ小史（1）
　　―ディスプレイの提案からデバイス供給まで ……… 94
　　RCAでの研究開発／RCAの撤退とヨーロッパ, 日本の動向
4.2 液晶ディスプレイ小史（2）
　　―日本の台頭, そして韓国, 台湾に ………………… 97
　　時計からモニター表示へ／アクティブ型の急成長
4.3 液晶ディスプレイを支える技術（1）
　　―液晶パネル作製技術 ………………………………… 100
　　TFTの機能と作製技術／TFTの製造プロセス
4.4 液晶ディスプレイを支える技術（2）
　　―その他の周辺技術 …………………………………… 104
　　高分子材料／バックライト／カラーフィルター

4.5 液晶ディスプレイを支える技術（3）
　　—パネル化技術 …………………………………………… 106
　　　マザーガラスを大きく／大きなマザーガラスは周辺も大変／
　　　パネル組み，液晶注入
4.6 液晶ディスプレイの抱える問題とその解決に向けて（1）
　　—視野角の改善 …………………………………………… 110
　　　なぜ液晶ディスプレイは横から見にくかったか／
　　　新しいディスプレイモードの提案／画素分割法／
　　　視野角拡大フィルム
4.7 液晶ディスプレイの抱える問題とその解決に向けて（2）
　　—応答速度とコントラスト比の改善 ………………………… 116
　　　高いパルス電圧印加／応答速度の速いモード／コントラスト比
4.8 液晶ディスプレイの抱える問題とその解決に向けて（3）
　　—液晶材料の進展 ………………………………………… 120
4.9 液晶ディスプレイのさらなる高画質化に向けて
　　—高速化と高精細化 ……………………………………… 121
　　　夢のディスプレイは？／高速・高精細／
　　　ホールド型とインパルス型
4.10 立体画像ディスプレイへ向けて ………………………………… 125
　　　偏光眼鏡を用いる方式／眼鏡を使わない方式／
　　　もっと理想的な方式は無いのか
4.11 液晶ディスプレイはまだまだ進化する …………………………… 129
　　　ヘッドマウントディスプレイ／カーナビ画像も進化／
　　　電子ペーパー
4.12 液晶ディスプレイと環境問題 …………………………………… 134

第5章 まだまだ見つかる新しい液晶

5.1 強誘電性液晶の発見 ………………………………………… 138
 強誘電性とは／液晶における強誘電性／
 キラリティ導入による強誘電性液晶

5.2 強誘電性液晶ディスプレイ ………………………………… 142
 薄いセルに液晶を入れる／
 強誘電性液晶ディスプレイの原理と特徴

5.3 反強誘電性液晶の発見 ……………………………………… 145
 発見の経緯／発見の教訓

5.4 反強誘電性液晶ディスプレイ ……………………………… 148
 電気光学特性／ディスプレイの原理と特徴

5.5 反強誘電性液晶の仲間たち ………………………………… 152

5.6 層だってねじれてしまう …………………………………… 154

5.7 3次元の秩序をもつ相 ……………………………………… 155
 ブルー相／キュービック相

5.8 バナナ形液晶の不思議な世界 ……………………………… 158
 バナナ形液晶の極性構造／バナナ形液晶におけるキラリティ

5.9 バナナ形液晶における自然分掌 …………………………… 161

5.10 2軸性ネマチック相 ………………………………………… 162

5.11 生体と液晶 …………………………………………………… 164

第6章 まだまだ広がる液晶の応用

6.1 様々な液晶シャッター ……………………………………… 168
 溶接用保護眼鏡／通常のカーシャッター／
 液晶を使ったカーシャッター

6.2 液晶レンズ …………………………………………………… 170
　　屈折率異方性を調べる実験／可変焦点レンズ
6.3 リオトロピック液晶の応用 ………………………………… 173
　　液晶紡糸／液晶乳化
6.4 高分子と低分子液晶の複合系 ……………………………… 175
　　調光ガラス／電子ペーパー／液晶を用いた電子ペーパー
6.5 コレステリック液晶サーモグラフィー …………………… 179
6.6 フォトニック効果，レーザ ………………………………… 180
6.7 液晶半導体 …………………………………………………… 183

参考文献 ……………………………………………………………… 186
索　　引 ……………………………………………………………… 187

第 *1* 章

液晶事始

　　ディスプレイを作っている様々な会社の広告やホームページを見てみましょう．"きれいな液晶"だとか，"液晶のしくみ"だとか書いてあります．これは皆，"きれいな液晶ディスプレイ"であり，"液晶ディスプレイのしくみ"のことです．このように"液晶"といえば，"ディスプレイ"というほど，液晶は誰にでもよく知られるようになりました．

　でも，じゃあ"液晶って何？"といわれてちゃんと説明できる人がどれほどいるでしょう．ましてや，液晶ディスプレイのしくみをちゃんと説明できる人がどれほどいるでしょうか．この章ではまず，液晶とは何かという質問に答えることにします．

1.1 液晶はディスプレイのことではない

物質の三態

読者の皆さんは物質には"気体","液体","固体（結晶）"の三つの状態があるということを知っていますね．これを物質の三態といいます．これらは普通，温度を変化させていくと順番に現れます．例えば，氷（固体）を温めると水（液体）になります．水の温度を更に上げていくと，蒸発して水蒸気（気体）になります．

ところが，ある種の物質の中には，二度溶ける物質があります．固体の温度を上げていくと，形を保っていられなくなり，溶けて流動性のある物質になります．とはいっても，図 1.1 のように，見た目は水のように透明ではなく，一般に白濁しています．これを更に温めると，あるところで一気に透明な物質に変わります．何か状態が変わったことがはっきり分かります．では，何がどう変わったのでしょうか．

賢明な読者は，"ははーん，最初に溶けて出現した濁った液体が液晶だな"と気づいているかもしれません．そうです，これが液晶です．**液晶とは，ディスプレイのことではなく，固体と液体の間に**

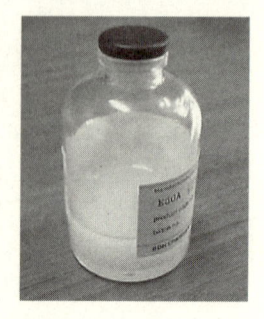

図 1.1 試薬瓶に入った液晶

出てくる状態を表す言葉だったのです．そう考えると液晶の"液"は液体の"液"で，"晶"は結晶の"晶"だったと気がつくはずです．

三態を区別するには

"ある種の物質"といいましたが，それではどのような物質が"液晶"状態をとるのでしょうか．このことに答える前に，物質の三態にいったん戻ることにしましょう．液体と気体を区別することは比較的容易です．水が気体になると体積が一気に1 000倍くらいになります．密度が1/1 000になるといってもよいでしょう．ワットはこのことを利用して蒸気機関を作ったわけです．特殊な例を除けば，液体と気体は密度の差ではっきりと区別することができます．

それでは結晶と液体はどのように区別できるのでしょう．これは簡単そうで，ちょっと難しいかもしれません．硬くて形が決まっているものが結晶で，流れるのが液体と区別してしまっては液晶の出る幕がなくなってしまうからです．確かに液晶は流動性がありますが，液体とはまったく違う性質をもっているのです．

1.2 液晶状態とはどんな状態か

液晶の正体

どんな物質でも液晶状態をとるわけではありません．例えば，銅，シリコン，食塩などの無機物は単一，あるいは複数の原子が規則正しく並んで結晶構造を作っています．これらは液晶状態をとりません．また，先ほど例にあげた水も液晶状態をとりません．液晶状態をとるのは棒や円板のように，球状ではない形をした有機分子です．

この有機分子の具体的な化学構造は 1.4 節で示すことにします．例として，図 1.2 のような棒状の分子を考えましょう．実際，液晶ディスプレイに使われている液晶はこのような形をしています．

このような分子が図 1.2(a)のように並んで結晶を作っていると考えましょう．温度を上げて液体になったときには，図 1.2(c)のように，分子はもう規則正しくは並んでいません．同じ場所にいないどころか，あっちこっちと動き回りますから分子の向きもばらばらです．すなわち，分子の位置も向きもばらばらな状態ですから，どこから見ても同じように見えます．これが結晶と違うところです．

そろそろ液晶の正体を明かすことにしましょう．この棒状の分子の結晶が溶けたときに，分子は動き回り始めますが，図 1.2(b)のように，向きはほぼ結晶の状態を保っていたとすると，これは明らかに液体とは違う状態です．なぜなら，**どこから見ても同じように見えるという液体の性質をもっていないからです**．この意味で，この状態はむしろ結晶に近いといえます．

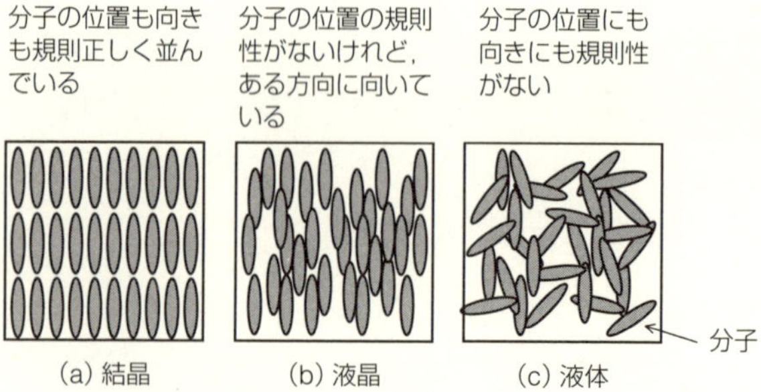

図 1.2 (a)結晶，(b)液晶，(c)液体状態における分子の配列状態

異方性分子が作る液晶状態

このように，見る方向によって見え方が違う状態を**異方性**がある

1.2 液晶状態とはどんな状態か

といいます．もちろん並び方に異方性があると，その物理的な性質にも異方性があります．このように，**液体のように流動性があり，結晶のように異方性がある状態が液晶**と呼ばれる状態です．ですから，**液晶は液体と結晶の両方の性質を併せもっている**のです．このことが液晶に非常にユニークな性質を与え，それがひいてはディスプレイに使われる重要な性質となるのです．このことは第 2 章で詳しく説明します．

　球に近い形をした原子や分子が液晶状態をとらない理由はもうお分かりですね．原子や分子の重心の位置が動き出したとき，そろえるべき向きがないのです．水の分子の場合も同じです．酸素原子をある向きにそろえるという可能性もあるように思えますが，分子の形の異方性が小さいと，全体として異方性を形成することが困難なのです．たとえ分子が自由に回転しても，形が丸ければあまり周囲に影響は与えないからです．何しろ分子が自由に動き回るほどの状況なのですから．

ダイレクターと秩序度

　これが棒状分子だったらどうでしょう．分子が人だとして満員電車を考えてみましょう．電車の揺れや，駅に到着したときの人の乗り降りで流動的な人の流れができます．人は降り口に向かって向きを変えます．このように，棒の長手方向を軸に分子が回転することは比較的容易にできます．しかし，一人がこんな状況の中で寝ころがろうとしたらどうなるでしょう．とても多くのスペースをとって，周りの人に非常に迷惑をかけることになります．棒状分子も同じです．分子はみんな同じ方向を向いていたほうが居心地がいいのです（図 1.3）．

　同じ方向といっても友達と話をしている人もいれば，本を読んで

いる人も，広告や外の景色を見ている人もいます．それぞれいろんな姿勢でいますので，完全に同じ方向を向いているわけではありません．液晶分子も同じです．液晶分子が並んでいるとき，その**平均的な方向のことをダイレクターあるいは配向ベクトルといいます**．個々の液晶分子はこのダイレクターに対して，ある分布をもって並んでいるのです．その様子を図 1.4 に示しました．

この並び具合を表すのが秩序度（オーダーパラメーター）といわれる量です．結晶のように完全に並んでいる場合は秩序度が 1，液体のように完全にばらばらなときには秩序度は 0 です．通常の液晶は温度にもよりますが，秩序度は大体 0.6 くらいです．

ダイレクターの揺らぎと光散乱

電車が揺れたとき，人は電車の揺れと同じ方向へ揺れますね．揺れが伝わるときを考えましょう．右に揺れる人と左に揺れる人が周期的にいる場合，これは波であることは分かります．右に揺れた人と，次に右に揺れた人との間隔がこの波の波長です．この間隔が無限大になった極限が上述のような電車の揺れの場合に対応します．このときの揺れの波長は無限大です．このような大きなうねりのような揺れが液晶にも存在します．これは各分子のばらばらな揺れではなく，ダイレクター自身の揺れに対応します．この揺れは波長の長い揺らぎです．波長の長い揺れは，ほとんどエネルギーを必要としないことは 3.1 節で明らかになります．ですから，液晶はある方向に並んでいても，常に波長の長い揺れが自発的に生じ，この**揺らぎが光を散乱するので，液晶は濁って見えるのです**．

液晶状態が安定になる（存在する）ためのもう少し突っ込んだ議論はこの本の範囲を超えています．ここではひとまず，分子は周りの分子とぶつかり合うのを避けて，なるべく狭い空間に自分の居場

1.2 液晶状態とはどんな状態か

図 1.3 満員電車の中で寝転がると嫌がられる

ダイレクター
（分子の平均的な向き）

角度

ダイレクター方向
（角度 0 度）を向
いている分子の数
が一番多い

分子の数

0 角度

ダイレクターの
周りの角度に分
布している。
平均的な方向は
ダイレクター

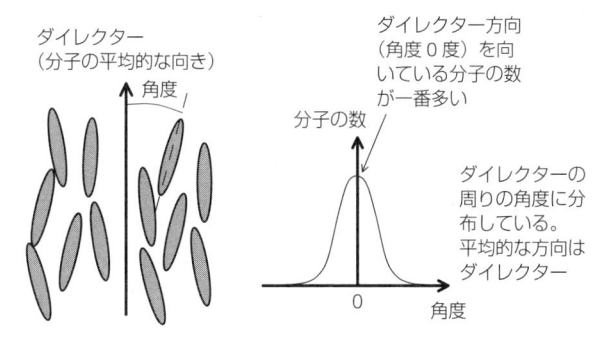

図 1.4 ダイレクターに対する分子の分布の様子

所を限ろうとしていると考えてください．これが斥力による液晶状態の安定化の原理です．難しい言葉では**排除体積効果**といいます．もちろん，電気的な引力も分子をなるべく平行に並ばせようとする効果をもたらします．このほかにも，さまざまな力（相互作用）が働くことがあります．それがあるからこそ，これから紹介するような多種多様な液晶構造が現れるのです．

1.3 分子の作る様々な液晶構造

ネマチック液晶とスメクチック液晶

これまでおはなししてきた液晶は，最も一般的な液晶で，**ネマチック液晶**という種類の液晶です．多くの液晶ディスプレイに使われているのも，ほとんどがこの種の液晶です．またこれが，最も液体状態に近い液晶状態なのです．

"液晶って他にもあるの？"って思っていませんか．そうなんです．結晶でもなく，液体でもない中間的な状態はネマチック液晶だけではなく，まだまだいろいろ考えられるのです．少し考えてみましょう．結晶はどの方向にも位置の秩序をもっています．図1.2(a)では上下方向に分子の長さの周期で，位置の秩序がありますし，左右方向や，奥行き方向には分子の幅の周期で位置の秩序があります．

ネマチック液晶は位置の秩序がなくなり，方向の秩序のみが残った状態だと説明しました．でも，実は，位置の秩序は一気になくなる必要はないのです．図1.5(a)に示したのは，図1.2(a)で上下方向の分子の長さの周期は残したまま，横方向のみの位置の秩序がなくなった状態を示しています．層構造がきちんと存在し，層の中では分子は自由に動き回れる状態です．このような液晶を**スメクチック**

液晶といいます.

　このような液晶は層と垂直方向（層法線方向）の1次元の秩序は残していますので，液晶とはいっても流動性はなく，クリームのような感じです．したがって，スメクチック液晶はネマチック液晶よりは結晶に近く，結晶の温度を上げていくと，まず，スメクチック液晶が現れ，ネマチック液晶になり，そして液体へと変化していきます．もちろん，水が液晶状態をとらないように，物質によってはネマチック液晶のみが現れるものや，スメクチック液晶のみが現れるものもあります.

　スメクチック液晶の中にもたくさんの種類があります．基本は分子が層に対して立っている構造ですが，層に対して傾いているもの［図 1.5(b)］，層から層へ傾く方向が交互に変化しているもの［図 1.5(c)］もあります．そうかと思えば，分子の傾く方向が3層，4層周期で変わっているものまであります．これらについては，また第5章で取り上げることにします.

　ここまで述べてきたスメクチック液晶は，層内では位置の秩序を

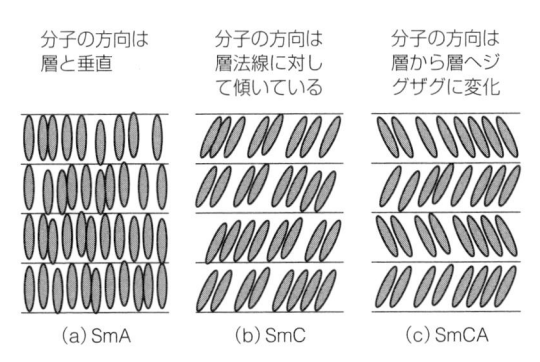

図 1.5　典型的なスメクチック層構造

もたないものでした．このようなスメクチック液晶より，もっと結晶に近いものもあります．層内での分子の配列に，ある種の秩序が発生したような状態です．また，層構造の周期が分子の長手方向の長さではなく，分子が入れ子になり，分子の長さの 1.5 倍ほどの層の厚さをもつ状態もあります．これら，特殊なスメクチック層構造について知りたい読者は，専門書をお読みください．

円板状分子の作る液晶状態

　液晶分子の形が変わると，液晶状態の分子の配列構造も変わってきます．ここでは棒状分子から，もう一つの液晶分子の代表である円板状分子に話を移しましょう．分子の形がディスク（円板）状なので，ディスコチック液晶とも呼ばれます．棒状分子のネマチック液晶に対応するのが，**ディスコチックネマチック液晶**です．この状態では，棒状分子と違って，位置の秩序が失われたとき，円板の面をある方向（ダイレクター方向）に向けています．図 1.6(a)に示すように，同じ大きさのコイン（例えば，10 円玉）を机の上に乱雑においた状態です．

　棒状分子でネマチック液晶の結晶側にスメクチック相があったように，円板状分子でも位置の秩序が完全に失われていない状態があります．10 円玉を机の上にびっしりと敷きつめてみてください．蜂の巣状の構造ができることが分かります．この構造を崩さずに，それぞれのコインの上にコインを重ねると，柱状の構造ができます．もし，柱の向きに沿っての位置の秩序がなければ，蜂の巣状の 2 次元の構造をもつ液晶状態です［図 1.6(b)］．このような液晶を**カラムナー液晶**（柱状液晶）と呼びます．

　円板状分子も棒状分子と同じようなネマチック相を作ることがあります．円筒を作る力は強いけれども，それが蜂の巣状に並ぶ相互

1.4 液晶分子の化学構造

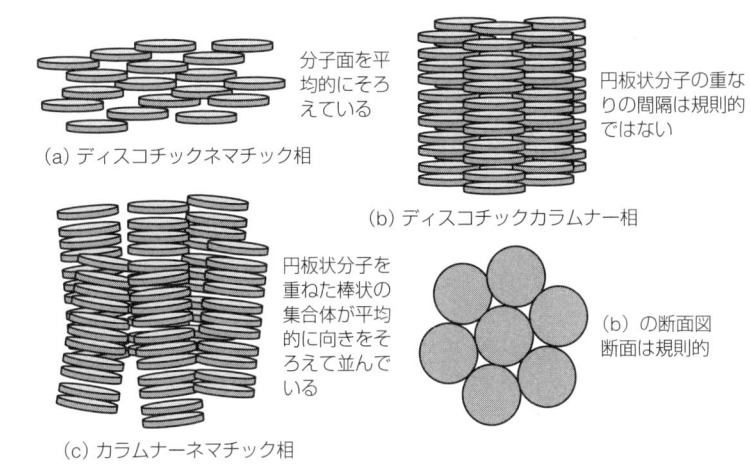

(a) ディスコチックネマチック相 — 分子面を平均的にそろえている

(b) ディスコチックカラムナー相 — 円板状分子の重なりの間隔は規則的ではない

(c) カラムナーネマチック相 — 円板状分子を重ねた棒状の集合体が平均的に向きをそろえて並んでいる

(b) の断面図 断面は規則的

図 1.6 円板状分子のつくる液晶相

作用はそれほど強くない場合，図 1.6(c) のように，円筒が流動性を保ちつつ，向きをそろえて並び，ネマチック相を形成することもあります．**カラムナーネマチック相**と呼ばれます．

1.4 液晶分子の化学構造

これまで，液晶状態を示す分子を棒状液晶分子だとか，円板状分子だとかいってきました．この辺で，実際の液晶分子はどれくらいの大きさで，どんな化学構造をしているのかをおはなししたいと思います．

歴史的に重要な液晶化合物

棒状分子で忘れてはならない分子が二つあります．それらを図

1.7 に示します．一つは略称 MBBA と呼ばれる 1969 年に合成された分子です．この分子は 22 度から 47 度の範囲で液晶状態を示します．合成された分子の中では，室温で液晶状態を示す初めてのものです．液晶を使おうと思ったときに，室温で液晶状態を示さなければ役に立ちません．もちろん MBBA でも冬の日にはとても使えませんから，このままでは応用できませんが，室温で液晶状態を示す分子があるということを示した意味で，歴史的に重要な分子です．

もう一つは nCB（シアノビフェニル）と呼ばれる分子で，1973 年に合成されました．n は鎖の部分の炭素の数を表しています．先の MBBA は化学的にあまり安定ではなく，ディスプレイに使われることはありませんでした．それに対し，nCB は室温で液晶状態を示す上に，化学的に非常に安定です．n が 5 の 5CB 分子を例にとると，23 度から 35 度の間でネマチック液晶になります．この液晶も液晶温度範囲が狭いので，単独で用いることはできませんが，この液晶の仲間は今でも液晶ディスプレイの液晶材料の一成分として使われる重要な分子のひとつです．

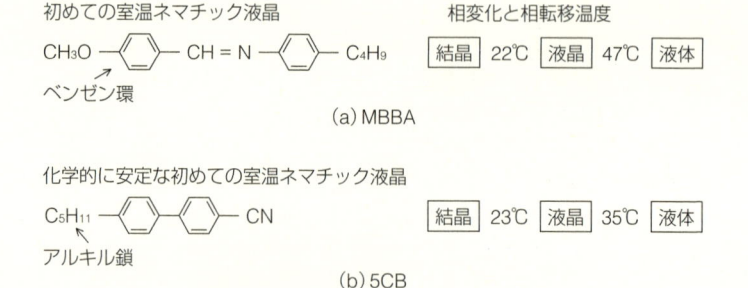

初めての室温ネマチック液晶　　　　　　　　　　　相変化と相転移温度

CH_3O —〈 〉— $CH = N$ —〈 〉— C_4H_9　　　　結晶　22℃　液晶　47℃　液体
↑
ベンゼン環

(a) MBBA

化学的に安定な初めての室温ネマチック液晶

C_5H_{11} —〈 〉—〈 〉— CN　　　　結晶　23℃　液晶　35℃　液体
↑
アルキル鎖

(b) 5CB

図 1.7　歴史的に重要な液晶化合物

液晶分子の構造

これらの分子に共通しているのは，棒状であるばかりではなく，分子の中心部に**ベンゼン環**（図 1.7 参照）のような比較的硬い部分があり，その片側，あるいは両側に**アルキル鎖**という柔らかいしっぽが付いていることです．このような化学構造は，ほとんどの液晶分子に共通した特徴です．例えば，5CB 分子は 38 個の原子からできていて，長さ約 2 nm（ナノメートル，1 nm は 1 mm の 100 万分の 1），幅は約 0.4 nm です．これは比較的短い分子の部類に入りますが，ディスプレイに使われているのは，大体数ナノメートルの長さの分子です．

一方，円板状分子が液晶状態を示すことが発見されたのは比較的新しく，1977 年です．このとき合成された分子を図 1.8(a)に示します．また，比較的よく調べられているもう一つの円板状液晶の分子もあわせて載せておきます．いずれも，大きさの違いこそあれ，中心に硬い円板状の部分があり，周りに多数の柔軟なアルキル鎖がついているのは共通しています．

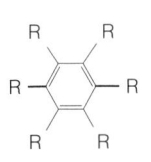

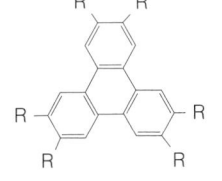

(a) R：C_mH_{2m+1}-CO-O-　　(b) R：C_mH_{2m+1}-O-

硬い中心部の周りに柔らかなアルキル鎖（R）が6本付いている

図 1.8 典型的な円板状分子

1.5 分子の利き手

液晶分子の分子構造が出てきたところで，この本の中でも多くの場面で登場する特別な形をした分子の話をしておきましょう．図1.7に示した代表的な棒状分子と，これが鏡に映った分子を区別することはできませんね．ところが，ある分子は鏡に映ったものと明らかに区別ができます．棒状のものでたとえをあげるとすると，前者の例は釘，後者の例はねじです．釘は鏡に映したものと区別はできませんが，右ねじを鏡に映すと左ねじになりますからこれらははっきりと区別できます．この節ではこのような分子を紹介します．

光学異性体

図1.9(a)のような柔軟鎖をもった分子を考えてみて下さい．中央の炭素からは四つの手が出ていますが，この手の先の原子がすべて異なっていれば，図1.9(b)のように二つの分子はそれぞれの鏡像になっています．片方の分子は右利きの右手分子，もう一方の分子は左利きの左手分子と考えて下さい．この場合は，前のねじれた分子と違って右手分子が左手分子になったり，左手分子が右手分子になったりすることはありません．

このようなお互いに鏡像の関係にある分子を**光学異性体**といいます．また，このような左右の分子をもつことができる性質を**掌性**とか**キラリティ**と呼びます．また，このような右手分子，左手分子を総称して**キラル分子**と呼びます．キラリティは液晶の科学や応用で重要な役割をします．ここでは概略の説明として，ネマチック液晶状態にキラリティを導入すると何が起こるかを説明します．"導入する"とはネマチック液晶がキラル分子で構成されている場合，あるいはネマチック液晶にキラル分子を適量加えることを意味しま

1.5 分子の利き手

(a) 液晶性キラル分子

骨格部分

不斉炭素
(4本の手に結合
しているものがす
べて異なる)

(b) 光学異性体

光学異性体は
お互いの鏡像
になっている

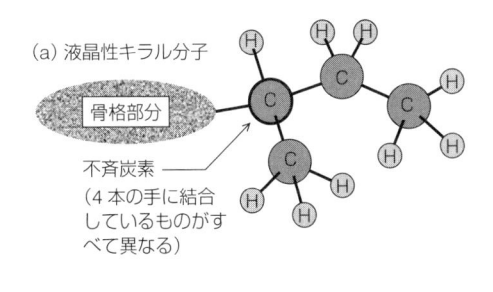

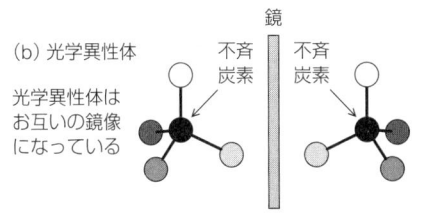

不斉炭素　　鏡　　不斉炭素

図 1.9 液晶性のキラル分子と光学異性体

す．後で述べるように，ネマチック液晶分子の平行な配列にねじれが生じるのです．

　分子がキラルであったら何が起こるでしょう．キラルでない分子とキラルな分子をそれぞれ，"釘" と "ボルト" と考えましょう．"釘" はこれまで述べてきた棒のようなものを，"ボルト" はねじ山を切った棒のようなものをイメージしてください．釘が平行に並ぶとネマチック液晶状態が実現します（図 1.10）．ボルトの場合はどうでしょう．ボルトには溝がありますから，二つのボルトを重ねると，これらは平行ではなく，ちょっとある角度をなして並びます．このねじれが次から次へ伝わるとどうなるでしょう．キラル分子はらせん構造を形成するのです．もちろん右ネジは右らせんを，左ネジは左らせんを作ります．

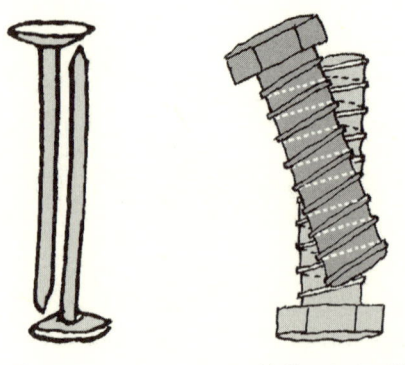

図 1.10 コレステリック液晶のらせん構造

釘は平行に並ぶけれど，ボルトの溝を合わせると2本のボルトは平行にならず，ねじれます．

キラル分子の作るらせん構造

キラル分子の作るらせん構造を図 1.11 に示します．局所的にはネマチック液晶ですが，ダイレクターが徐々にねじれて，らせん構造を形成します．このような液晶をネマチック液晶と区別して，**コレステリック液晶**と呼びます．歴史的には，多くのコレステロール分子が図 1.11 のようならせん構造を示すので，このように呼ばれるようになりました．らせんのピッチ（らせん周期）は，導入するキラル分子の量，キラル分子のキラリティの強さに依存しますが，

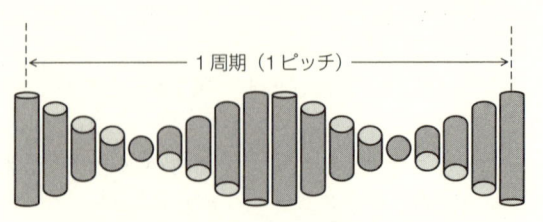

分子が徐々にねじれてらせん構造を作っている

図 1.11 コレステリック液晶のらせんの起源

キラル分子のみからなるコレステリック液晶のピッチは可視光の領域に存在します．このことがコレステリック液晶にあざやかな発色を与え，この液晶を更に魅力的なものにしています．この性質を用いた応用に関しては，6.5節，6.6節で紹介します．

周期構造をもつ物質に電磁波をあてると，その周期や入射角によって，ある波長の波が干渉で強め合い，反射されます．電磁波がX線の場合はブラッグ反射としてよく知られています．この場合は，結晶中で等間隔に（周期的に）配列した原子と原子の間隔（周期構造）がX線の波長と近いために起こるものです．光の場合も同じです．コレステリック液晶のらせん周期が可視光の波長と同じ程度であると，らせん軸に沿って入射された可視光のうち，らせん周期の屈折率倍（1.5倍程度）の波長の光が強く反射されます．光の波長は物質中でその屈折率倍になるためです．

コレステリック液晶の周期構造による反射光の特殊な性質を紹介する前に，偏光についておはなししておきましょう．光は横波ですから，振動面があります．通常，我々が目にする太陽からの光や電灯の光はあらゆる振動面をもった光です．一方，**ある振動面上のみで振動する光を直線偏光**といいます．直線偏光はディスプレイを作るときに重要ですのでよく理解しておいて下さい．2.2節のディスプレイのところでまた登場することになります．

一方，直線偏光とは別に，回転しながら伝わる円偏光があります．1波長で1回転します．周り方には右回りと左回りがあり，それぞれ右円偏光，左円偏光と呼びます．コレステリック液晶の周期はらせん構造の周期なので，反射光は円偏光に依存したものになります．具体的にいいますと，右らせんに右円偏光を入射すると周期構造を感じますが，右らせんに左円偏光を入れても周期構造を感じません．らせんが左巻きの場合にも同じような関係があります．ですから，

右らせんは右円偏光のみを完全に反射し，左円偏光は完全に透過します．このような性質を**選択反射**といいます．もちろん，波長の選択性もあり，らせん周期の屈折率倍の波長をもつ光に対する性質です．

1.6 生体と分子の利き手

自然界におけるキラリティ

自然界には巻貝や朝顔のつるなど，らせん構造をもっているものがたくさんあります．巻貝の巻きは圧倒的に右巻きが多いですが，左巻きもなくはありません．一方，朝顔のつるは例外なく右巻きです（図1.12）．アリスが迷い込んだ鏡の国では，すべての朝顔のつるは左巻きだったことでしょう．生体の中には多くのキラル分子があり，これがさまざまならせんの巻きを支配しています．

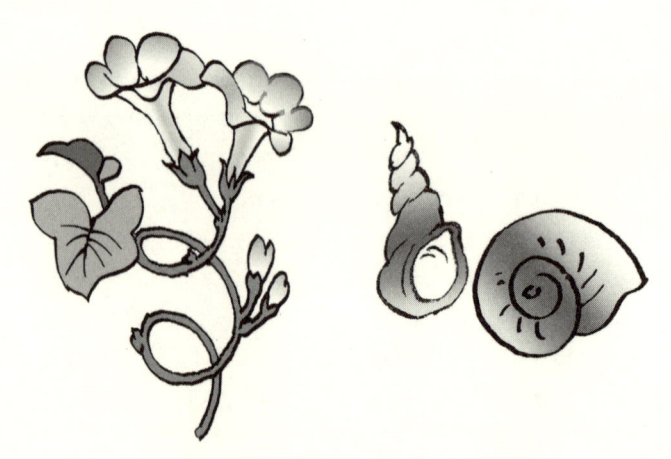

図1.12 朝顔のつるや巻貝のらせん構造

1.6 生体と分子の利き手

　目にはらせんとは分からないけれど，らせん構造をもっていることがはっきり分かるものがあります．ある種の魚のうろこや昆虫の羽です．かなぶんのような鮮やかな緑の光沢をもった羽には，多くの場合らせん構造があります．このことは，羽に円偏光した光を当ててみればすぐ分かります．図1.13に示すように，鮮やかな光の反射は左円偏光を入れたときのみに見られ，右円偏光を入れても反射がないので真っ黒に見えます．これは先に述べたコレステリック液晶による選択反射と同じ現象なので，かなぶんの羽は左らせんをもっていることが分かります．

　昆虫の羽ができる過程で液晶状態を通り，羽を形成する分子がキラルであるためにらせん構造を形成し，それが固まったものだと考えることができます．このように，かなぶんの鮮やかな色は色素によるものではなく，その構造によるものだったのです．このような色を構造色といいます．

コガネムシの羽は左巻らせんをもつ
コレステリック構造をしているので，
左円偏光だけを反射する

左円偏光　　　右円偏光

図1.13 昆虫の羽もコレステリック液晶構造

生体によるキラル認識

分子と分子の相互作用にもキラル構造は重要です．右手と左手で握手ができないように（図1.14），分子はキラリティを認識して相互作用します．これに関する二つのお話を紹介しましょう．話はラセミ体に関するものです．**ラセミ体**とは，異なる光学異性体が等量含まれた物質のことです．すなわち，右手分子と左手分子が完全に等量含まれた物質です．光学異性体の化合物の構造式は同じですから，キラル化合物を合成すると通常はラセミ体が得られます．これを分離するためには特別な方法が必要です．

狂犬病ワクチンで有名なパスツールは1849年，酒石酸が結晶化するときにラセミ体から，右手結晶と左手結晶に自然に分かれることを発見しました．ワインのコルクに付着していたり，ビンの底に残っていたりする結晶がそれです．パスツールは顕微鏡下で右手結晶と左手結晶をていねいにより分け，それぞれを溶かしてみたところ，右手結晶は右手分子のみ，左手結晶は左手分子のみからできていることを突き止めました．ラセミ体の分子は結晶化するときに，

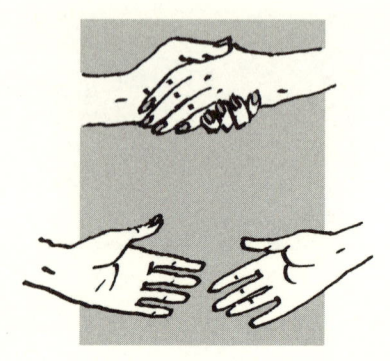

図 1.14 右手同士の握手，右手と左手の握手

右手分子は右手分子同士，左手分子は左手分子同士が自然に集まってくるということです．キラル分子はちゃんと相手のキラリティを認識しているのです．

　もう一つの話は悲劇です．1960年代の初め，サリドマイドという薬を飲んだ妊婦から多くの奇形児が生まれたのです．サリドマイドの右手分子は吐き気を抑え，つわりを和らげる効果があるのですが，左手分子は奇形を作る副作用があったのです．製薬会社がラセミ体のまま，売り出してしまったのでこのような悲劇が起こったのです．このように体内にはキラル物質がたくさん存在し，生理的な相互作用にはキラリティが強く関与することをよく認識する必要があります．

　生体とキラリティの話をし始めるときりがありません．私たちが体内にもっているホルモンもキラル分子です．緊張したときに分泌されるアドレナリンは左利きですし，男性ホルモン，女性ホルモンも利き手をもっています．

　特別な場合には，人間も瞬時に光学異性体を見分けることができます．人工甘味料に使うアスパルテームの右手分子は甘みを与えますが，左手分子は苦味を与えるのはそのよい例です．においも敏感です．カルボンという物質の右手分子はスペアミントの香りがしますが，左手分子はキャラウェイの香りがします．

1.7　液晶発見小史

液晶はいつ，どこで，どのように発見されたか

　話を液晶に戻しましょう．といっても，液晶の発見にもキラリティが登場します．液晶はいつ，誰によって，どのように見つけられたのでしょう．実は液晶の発見はそれほど古いことではありません．

舞台は19世紀も終わりにさしかかった頃のオーストリア・ハンガリー帝国です．現在のチェコの首都であるプラハもこの帝国の中にありました．液晶の発見はオーストリアでなされた，としばしばいわれるのはこのような事情からです．発見はプラハの植物生理学研究所でなされました．この研究所のライニッツアーは，コレステロールエステル化合物を研究していました．コレステロールの分子式さえ知られていなかった頃のことです．

1880年代の後半，彼はこの物質を加熱すると，白濁した液体になり，更に温度を上げると透明な液体になることを見出しました．彼は"この物質は二度溶ける"という言葉で表現しています．液体からこの物質の温度を下げたとき，更に驚くべきことを見出しました．この物質が二度にわたって虹色に輝いたのです．これらは現在ではブルー相と，前項で紹介したコレステリック相として知られています．

実は，物質を加熱して溶かしたときや，液体を冷やして固体にするときに色が見えるといった，今考えれば，液晶に特徴的な性質を示したりすることは，ライニッツアーの前にも何人かの科学者によって観察されていました．例えば，脂肪の研究をしていたハインツは，脂肪に含まれるステアリン酸化合物が二度溶けることを観察していました．1980年ごろの論文には"ステアリン酸化合物は51〜52℃で曇り，高温で虹色になった後，58℃で完全に不透明になった．そして，62.5℃で溶け，完全に透明になった"と書いています．同じ頃，ドイツの生理学者ウィルヒョウも，神経細胞が水と混ざったときに，通常の液体とは違う性質を示すことを見出していました．

液晶の発見者は誰か

このように，ライニッツアー以前に液晶状態の存在に気づいてい

1.7 液晶発見小史

た人はたくさんいました．でも彼らは"発見者"ではないのです．

　ライニッツアーが偉大であったのは，この発見の重要性を認識し，次の行動に出たからです．彼は長い手紙とともに，試料をドイツのアーヘンにいたレーマンに送りました．図1.15の手紙から，その日は1888年3月14日，分量は16ページに及ぶものであったことが分かります．ではなぜ，レーマンだったのでしょう．当時のドイツ帝国はイタリア帝国とともにオーストリア・ハンガリー帝国と三国同盟を結び，両国の関係はよかったようです．さらに，ドイツ語で情報交換できたことも幸いだったのでしょう．それより何より，レーマンが試料を温めながら観察できる顕微鏡をもっているのを知っていたからです．

　この頃，カールスルーエの大学に移ったレーマンはこの物質を詳

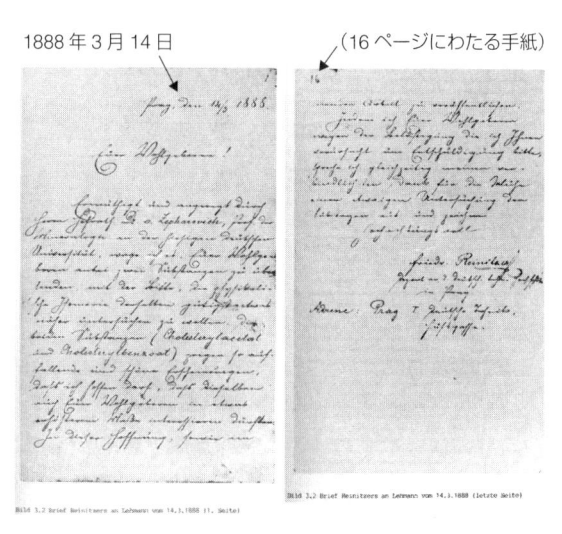

図 1.15 ライニッツアーがレーマンにあてた手紙

細に研究し,"流れる結晶について"という論文を著しました.その翌年の論文では"結晶的な液体"という言葉に代わっています.この間に,彼は液晶の最初の合成化学者として有名なドイツのガッターマンから,粘性の低い液晶を手に入れています.彼自身,結晶よりもむしろ液体に近い状態である,という認識に変わっていったことをよく表しています.1890年の論文には"液晶"という言葉も現れています.このようにレーマンは結晶のような性質を示す液体である"液晶"を初めて認識した人でした.

このような経緯から,**液晶の発見は,液晶の示す不思議な現象に気がついたライニッツアーがレーマンに手紙を送った1888年**とされています.どちらがいなくても液晶の発見はしばらく先送りされていたことでしょう.

1.8 まだまだあるぞ,その他の液晶

この章ではいろいろな液晶について紹介してきました.液晶分子の形,すなわち棒状と円板状の分子から別のタイプの液晶構造ができることをおはなししました.ここではさらに,別の分類の仕方から考えられる,別のタイプの液晶を紹介します.

分子の大きさによる液晶の分類

まずは分子の大きさです.これまでに登場した液晶は比較的小さな分子で,構成原子の数はせいぜい200個程度です.基本単位が繰り返して連なり,構成原子数が数万にも及ぶ,いわゆる高分子も液晶になることができます.しかし,長い分子が伸びきって棒状分子のように並んで液晶状態を作るわけではありません.液晶になる高分子は,液晶になりやすい剛直な部分が,その主鎖あるいは側鎖に

含まれています（図1.16）．これらを**メソゲン部**といいます．

メソゲン部はそれらが，直鎖状につながっていても，主鎖にぶら下がっていても，お互いは平行になろうとする液晶の性質をもっています．直鎖状に連なっている場合，メソゲン部とメソゲン部との間には柔軟な部分も含まれているので，そこから適当に折りたたまれて，図1.16(a)のような構造をとります．これが**主鎖型高分子液晶**です．一方，柔軟な主鎖にメソゲンがぶら下がっている場合には，図1.16(b)のような**側鎖型高分子液晶**の構造を形成します．

高分子でもDNAやポリペプチドのように，分子自身がらせん構造などを作り，剛直な棒状分子の形態をとる場合には，1.3節ですでに述べたように，カラムナーネマチック液晶のようなネマチック液晶（実際にはカラムがねじれるので，コレステリック液晶）を形成することもあります．

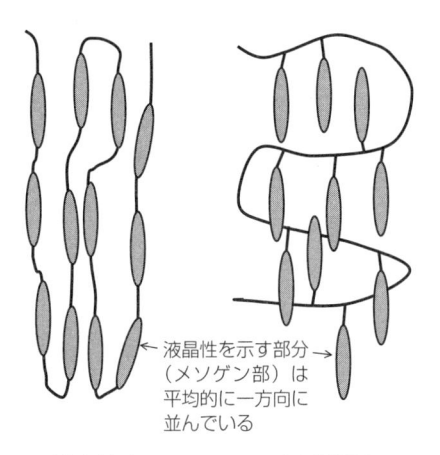

図 1.16 高分子液晶．(a)主鎖型，(b)側鎖型

相転移による液晶の分類

もう一つの液晶の分類は相転移による分類です．相転移とは液体からネマチック液晶，ネマチック液晶からスメクチック液晶のように状態（相）を変化させることです．これまでおはなししてきた液晶はすべて温度を変えることによって相転移を起こす物質でした．これらを**サーモトロピック液晶**と呼びます．これらは基本的には単一の物質でできています．現在，ディスプレイに使われているのはすべてこの種の液晶です．

一方，水のような溶媒を含んで初めて液晶になる物質があります．これらは溶媒中の溶質の濃度を変えることによって相転移を起こします．このような液晶は温度によっても相転移を起こしますので，溶質と溶媒との多成分系から形成される液晶といったほうが分類としては正確です．これらの液晶を**リオトロピック液晶**と呼びます．実は，リオトロピック液晶は身の回りにたくさんあります．シャボン玉や細胞膜です．これらについて少し説明しましょう．

リオトロピック液晶の種類

リオトロピック液晶になる液晶分子は特別な形をしています．一つの例を図 1.17 に示します．**分子は水に溶ける部分（親水基）と油のように水に溶けない部分（疎水基）を含んでいます**．このような分子を**両親媒性分子**と呼びます．

このような分子を水に溶かすと，少量なら水に一様に溶けます．分子の濃度を上げるとどうなるでしょう．むしろこのような分子に水を少しずつ加えることを考えた方が分かりやすいかもしれません．疎水部は水をはじきますが，親水部は水に溶けようとしますから，溶質（両親媒性分子）と溶媒（水）は特徴的な形を形成して分離します（ミクロ相分離）．いくつかの例を図 1.18 に示します．ど

のような形をとるかは，親水部と疎水部の大きさの違いで決まります．頭（親水部）でっかちのものはミセル構造を，疎水部が2本鎖からなり，ずん胴であれば2分子膜といった具合です．

これらの分子集合体が集まって様々な液晶相を形成します．例え

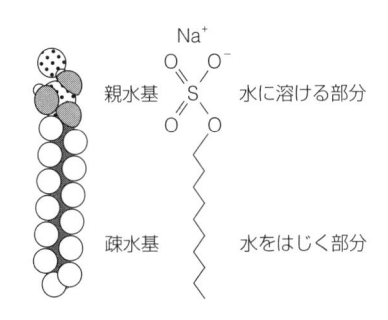

図 1.17 リオトロピック液晶を形成する分子の一例

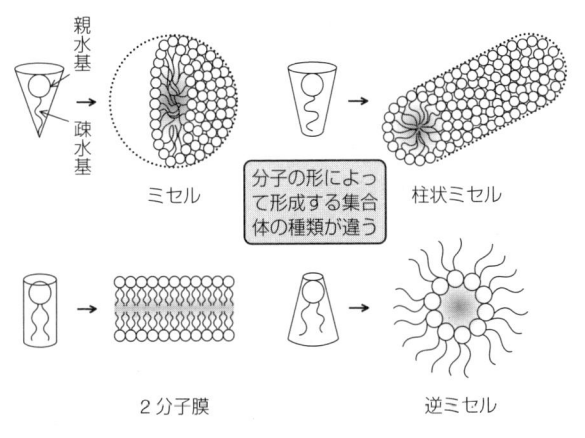

図 1.18 両親媒性分子が形成する様々な集合状態

ば，柱状ミセルが図1.6(b)のカラムナー相のような構造をとったミドル相，2分子膜が積み重なって，スメクチック相のような層構造を形成したラメラ相といった具合です．いずれも分子は特徴的な層構造を形成しながらも層内を動き回れるという液晶の性質をもっています．

ラメラ相が2分子膜を規則的に積み重ねた構造であるのに対して，2分子膜が3次元的にランダムにつながった構造をもつ相をスポンジ相と呼びます．この相はラメラ相よりも高温側，低濃度側の領域に現れます．この相は等方的なので，偏光顕微鏡では真っ暗に見えます．低分子のサーモトロピック液晶にも，最近，スポンジ相が見いだされています．

生体内の液晶構造

生体内の細胞には，このような2分子膜の構造がたくさんあります．有名なシンガー・ニコルソンの細胞膜のモデルを図1.19に示

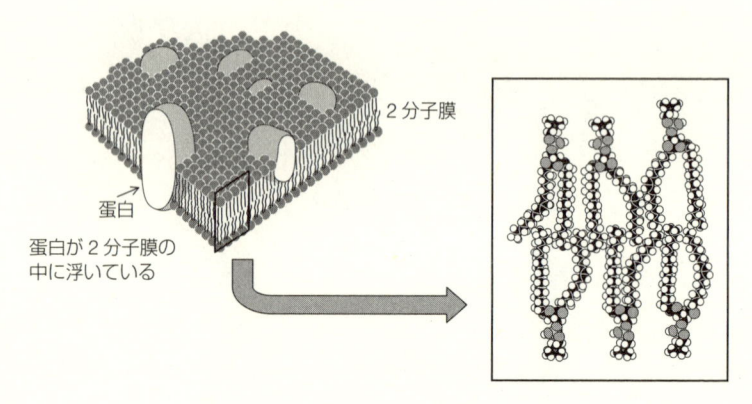

図1.19 生体膜（2分子膜）の構造

します．2分子膜の中に浮かんでいるのは様々な蛋白です．この蛋白を通して，細胞の中と外との情報のやりとりをしています．蛋白がこのような役目を果たすために，2分子膜という液晶場は理想的な環境なのです．蛋白が刺激によって化学変化を起こしたり，形を変えたり，物質を取り込んだり，移動させたりするのに，柔軟でよく温度(体温)制御された液晶という環境は最適なのです．2分子膜ばかりではなく，これが同心円状に何重にも重なった構造も体内にはたくさんあります．例えば，ニューロンという神経細胞の鞘（さや）の部分（神経鞘）はこのような構造でできています．

身近にあるリオトロピック液晶のもう一つが石鹸です．正確には石鹸水です．石鹸水でシャボン玉を作ったことがあるでしょう．シャボン玉の表面をよく見ると，虹の7色の様々な模様が見え，変化しています．この色はシャボン玉の厚さによって光の干渉が起こったもので，1.6節で出てきた構造色の一種です．色がさまざまに変わるのは厚さが変わっているからです．シャボン玉の構造は図1.20

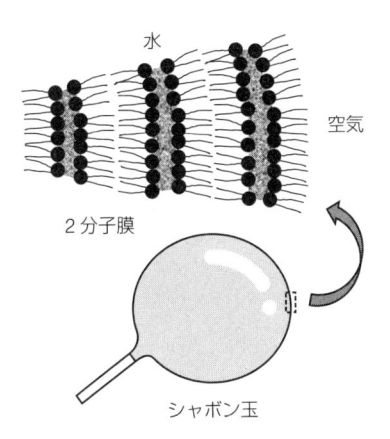

図 1.20 シャボン玉の膜構造

のようになっています．シャボン玉の膜の両側は空気ですから，先ほどの2分子膜の重ね合せの一番外側に1分子膜がついて，空気側に疎水部が出るような構造になっています．シャボン（石鹸）はこの疎水部で油を取り囲み，洗い流すことができるのです．

---/第 1 章のまとめ/---

- 液晶とは液体と結晶の間に現れる状態で,液体の流動性と結晶の異方性をもっている.
- ディスプレイに使われる低分子液晶分子は長さ数ナノメートル（100万分の数ミリ）の棒状分子である.
- 棒状分子の液晶には大きく分けてネマチック液晶とスメクチック液晶がある.
- ネマチック液晶の配列の平均的な方向をダイレクターと呼ぶ.
- 液晶の様々な秩序の度合いを示す量を,秩序度,またはオーダーパラメータと呼び,0 から 1 の間の値をとる.
- 円板状分子もディスコチックネマチック相やディスコチックカラムナー相を示す.
- 右手と左手のようにお互いに鏡像の関係にある分子を光学的異性体と呼ぶ.
- 光学的異性体をもつ分子をキラル分子と呼ぶ.キラル分子をもつことのできる性質をキラリティと呼ぶ.
- 光学的異性体を等量もつ物質をラセミ体と呼ぶ.
- ネマチック液晶にキラル分子を添加すると,らせん構造を発生する.このような液晶をコレステリック液晶と呼ぶ.
- 液晶はおよそ 120 年前,ライニッツアーとレーマンによって発見された.
- 相転移の仕方で液晶を分類するとサーモトロピック液晶とリオトロピック液晶がある.

第 **2** 章

液晶ディスプレイのしくみ

　　液晶はあっという間に画像の世界を変えてきました．携帯電話やノートパソコンなど，今では誰でも当たり前に使っていますが，液晶ディスプレイがあったからこそできたものだとは思いませんか．もちろん，これには多くの周辺技術の恩恵を受けていますが，液晶が画像の世界に及ぼした影響ははかりしれません．この章では，液晶の物理や光学の基礎には深入りせずに，ディスプレイの基本的な原理について説明をします．細部が知りたい読者は第 3 章へと読み進んで下さい．

2.1　液晶ディスプレイは液晶を使った光のシャッター

それでは，いよいよ液晶ディスプレイの原理のお話をしましょう．液晶ディスプレイは，昔からのブラウン管を使った奥行きのあるテレビや，液晶ディスプレイと並んで，大型で薄型のテレビに用いられるプラズマディスプレイなどとは大きな違いがあります．これらは電子銃から打ち出した電子や，プラズマからの紫外線を蛍光体にぶつけて，蛍光体を光らせてディスプレイにしています．これらを**自発光型**といいます．これに対して液晶は自分では光りません．**液晶は光のシャッターの役目をするだけです．**このようなディスプレイを**非発光型**といいます．これが良くも悪くも液晶ディスプレイの様々な特徴の原因となっています．

直線偏光

さて，それではどのようにして液晶シャッターを作るのでしょうか．液晶の物理的な性質を十分におはなしする前にディスプレイの原理の話をするのはちょっと無謀なのですが，詳しい物理の話はひとまずおいて，液晶を使ったディスプレイがどのような原理で動いているのかをまず紹介したいと思います．

液晶の物理の話をしなくても，光の性質については少し述べておく必要があります．第1章でも少し触れましたが，液晶ディスプレイには直線偏光を使います．光は電磁波の一種です．電場と磁場がお互いに垂直方向に振動しながら進んでいく波です．**直線偏光とは，光の電場あるいは磁場の振動面が一つの面内にある場合の光です．**

直線偏光は，一般には偏光板といわれる高分子フィルムを使って得られます．この高分子フィルムには，ある方向の直線偏光だけを強く吸収し，それと垂直方向の直線偏光はほとんど吸収しないとい

う性質があります．このときに光を通す方向を透過軸と呼びます．ですから，偏光していない光をこの偏光板に通すと吸収されなかった光のみが透過軸方向の直線偏光として得られます．図2.1に描いたように，2枚の偏光板の透過軸を平行にしたときには光は通過（透過）しますが，垂直にしたときには遮断されます．偏光板を平行にしたときと垂直にしたときに透過してくる光の強度比を消光比といいます．コントラスト比（黒と白の強度比）のよいディスプレイを作るためにはまず消光比の高い偏光板を使う必要があります．現在では消光比，数万くらいのものが市販されています．

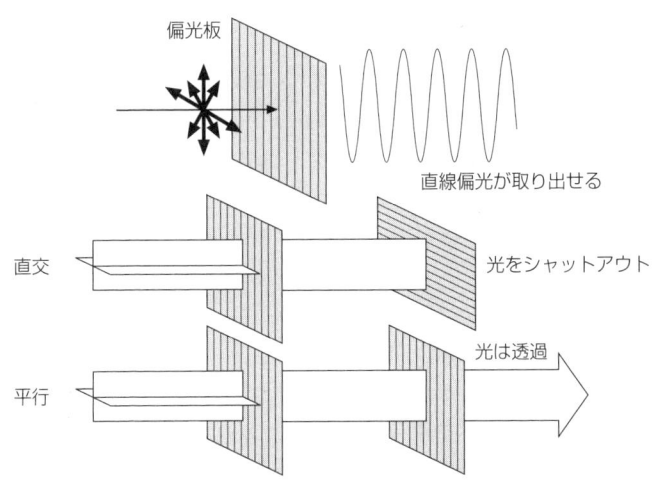

図 2.1 偏光板の働き

ガラスにサンドイッチされた液晶

現存するディスプレイには様々なタイプのものがありますが，いずれにしても液晶は流動性がありますから，これを使うためには容

器が必要です．液晶ディスプレイにするには2枚のガラスの間に挟んで使います．これを液晶セルといいます．ガラス板の間のすき間はディスプレイのタイプによって違いますが，通常は5ミクロン（5/1 000 mm）ぐらいで，髪の毛の1/10ほどの厚さです．

厚さのコントロールは非常に重要です．厚さが一様でないといろいろな原因から，画像にムラが出てしまいます．一様な厚さを得るためには非常に均一な大きさをもつビーズをガラス間に分散させたり，高さのそろった柱をガラス間に立てたりします．これ自身が大変な技術であることが分かるでしょう．

しかし，ガラスの間に液晶を入れるだけではダメです．液晶分子は自発的にある方向に並ぼうとしますが，どちらに並ぶべきかを指定してやる必要があるからです．そうでないと液晶分子はどっちに並べばいいのかが分かりません．液晶分子の並ぶ方向を指定するために，どのような方法を使うかの説明は2.3節，2.4節で述べることにしましょう．ここでは，液晶分子をガラスと平行で，ある特別な方向を向かせたり，液晶分子をガラス板と垂直に向かせたりすることができるとして，具体的なディスプレイの原理の説明に入ることにしましょう．

ディスプレイの原理の説明に入る前に，もう一つおはなししておくことがあります．すべての**液晶ディスプレイは，電圧をかけることによって液晶の分子の向きを変えることが基本**です．ですから，2枚のガラスの間に電圧をかけられるようにしておくことが必要です．電極が必要だということです．ただし，光を通す必要から電極として金属は使えません．液晶ディスプレイに使うのは無機物でできた透明電極です．最も一般的に用いられるのはインジウムと錫（すず）の合金の酸化物（Indium Tin Oxide：ITO）です．ほとんどの液晶ディスプレイに使うガラス板には，このITOの薄い膜が

ついています．

2.2 TN型液晶ディスプレイ

まず，最も広く用いられているツイステッドネマチック（twisted nematic, TN）型液晶ディスプレイの原理について説明しましょう．TN型では図2.2(a)のように，**上下のガラス基板でそれぞれ分子が90度をなすように液晶分子を配列**させます．そうすると液晶分子は2枚のガラスの間で90度ねじれた構造をとります．液晶分子にとって両側の界面で向きが決められているとき，一様にねじれることが一番安定なのです．でも，右ねじれにするか，左ねじれにするかはちゃんと決めてやらなければなりません．右ねじれと左ねじれが共存するとその間の境界が乱れてしまうからです．ねじれをどちらだけにするための技術については，2.5節で説明します．

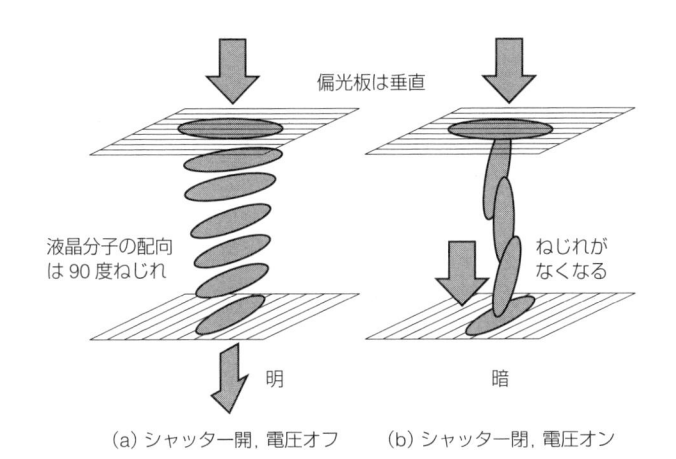

(a) シャッター開，電圧オフ　　(b) シャッター閉，電圧オン

図2.2 TN型ディスプレイの原理

図 2.2(a) をもう一度見てください．TN 型液晶ディスプレイには 2 枚の偏光板を使います．偏光板の透過軸が界面で液晶分子が並んでいる方向と一致するように，偏光板を液晶セルの両側に配します．すなわち，2 枚の偏光板の透過軸は直交しています．このようなミニ液晶ディスプレイに光を入れてみましょう．液晶セルには界面の分子の配向方向と同じ方向に偏光した光が入ります．もしも液晶が入っていなければ，もう一方の偏光板透過軸は最初の偏光板透過軸と垂直ですから光は遮断されます．ところがねじれた液晶が入っていると，すべての光が透過してくるのです．**液晶のねじれ構造を通過中に，ねじれに沿って偏光方向を回転**していくからです．そうすると出口のところでは偏光は出口の偏光板と平行ですから，光が透過してくるのです．

液晶ディスプレイは液晶シャッターだといいました．これがシャッターの開いた状態です．それではシャッターを閉じるにはどうすればいいのでしょうか．2 枚の ITO 電極間に電圧をかけてみましょう．第 3 章でおはなししますが，**液晶分子は，電圧をかけると向きを変える性質**をもっています．その物理的な性質に応じて電圧のかかった向きに並んだり，それと垂直方向を向いたりします．TN 型では，電圧のかかった方向に向く液晶を選びます．ですから，電圧をかけたときに，理想的には液晶分子はすべてガラスと垂直方向，光の進む方向と平行方向に向くことになります［図 2.2(b)］．ただし，液晶分子はガラス表面に強く固定されていますから，表面近くの分子配列だけはそのまま残ります．

この状態ではもう液晶分子のねじれた構造はなくなりますね．そうすると，偏光が回転してくるという現象は起こりようがなく，偏光は一定の向きを保ったまま液晶セル内を通過してきます．すると出口では，もう 1 枚の偏光板の透過軸が，通過してきた偏光とは直

交していますから光は遮断されます．これがシャッターを閉じた状態です．電圧を切ると，上で述べたように，2枚のガラスの表面では液晶分子の向きを規定する力がありますから，液晶分子は元のねじれた配列状態［図2.2(a)］に戻ります．このようにして，電圧をかけたり，切ったりすることによって液晶シャッターの開閉を行います．これがTN型液晶ディスプレイの原理です．

2.3　ガラス表面での液晶分子の配向

TN型液晶ディスプレイの話で，液晶分子のガラス表面での配列が重要であることが分かったことと思います．ちなみに，液晶の世界では配列というより**配向**という言葉を使います．どのような位置関係で配列しているかというより，どちらの方向を向いているかが重要だからです．ここでは液晶をガラス基板の表面で配向させるための手段について説明します．

液晶の配向制御法

基本的な配向には図2.3に示すように，水平配向と垂直配向の2種類があります．分子は基板に対して平行あるいは垂直に配向しますが，何もしない清浄な基板の上では，液晶分子は基板に対して水

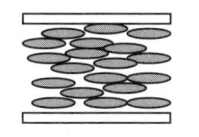

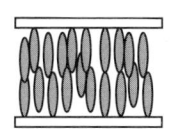

図2.3　水平配向と垂直配向

平になろうとします．しかし，それだけでは一様な水平配向は作れません．基板面内のどちらの方向を向いたらよいか，液晶分子は分からないからです．

　水平配向，垂直配向のどちらの場合も，通常は高分子を表面に塗布することによって達成できます．高分子としてはポリイミドがよく使われます．高分子の塗布は次のように行います．まず，塗布したい高分子を溶媒に溶かしておきます．液晶セルのガラス基板が小さいときには基板を回転台の上に載せておき，高速で回転させます．この上に溶媒に溶かした高分子を基板の大きさに合わせた量（数滴）だけたらします．すると，一瞬のうちに溶液は基板の上に一様に広がり，溶媒が蒸発すると高分子の膜ができます．このあと，溶媒を完全に飛ばし，高分子を安定化するために熱処理すればおしまいです．このような液晶の配向のために用いる膜を**配向膜**と呼びます．ただ工場ではこうはいきません．使うガラス基板が畳のような大きなサイズだからです．こんな大きなガラスを回転するわけにはいきませんので，高分子は印刷技術を使って薄膜にしています．

垂直配向と水平配向

　垂直配向のほうが簡単なのでまず垂直配向から説明しましょう．何もしない表面では分子は寝てしまいますから，分子を立てるためには表面を修飾する必要があります．基本的に液晶は何かに沿って並ぼうとするからです．ですから，液晶分子を垂直方向に並べようと思ったら垂直に何かを立ててやればいいことになります．このために，通常は側鎖をもった高分子を用います．ここでも通常，ポリイミドが用いられます．高分子を表面に塗布したとき，側鎖（の一部）は表面に突き出た形になります．もちろん，側鎖のついた高分子を用いずに，低分子の片側がガラスに吸着して，ひげが生えたよ

うな構造ができればそれでも大丈夫です．工業的には安定性から高分子が用いられています．このような構造に沿って，液晶分子は図2.4のように垂直配向します．

次は水平配向です．現在，一番よく用いられているのは高分子を塗布してその表面を布でこする方法です．図2.5に示すような，ラビング（こする）と呼ばれる工程です．ずいぶん乱暴な方法だと思われるかもしれませんが，長年の間に信頼性のある技術になってい

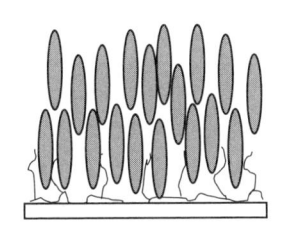

ひげのような高分子側鎖
に沿って液晶分子が並ぶ

図 2.4 側鎖をもつ高分子界面による液晶分子の垂直配向

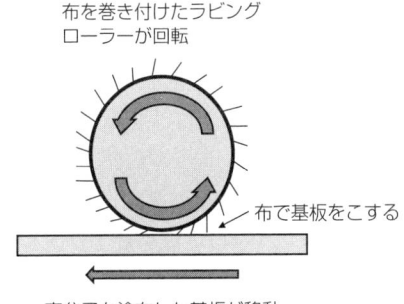

布を巻き付けたラビング
ローラーが回転

布で基板をこする

高分子を塗布した基板が移動

図 2.5 ラビング法

ます.さきほど述べたように,使うガラスは畳のような大きさですから,幅が1m以上ある筒に布を巻きつけてそれを回転させ,ガラス基板をこすります.ラビングは基板面内全体にわたって一様な強さでなされなければなりません.また,ラビングによって発生する静電気や細かな塵を除去するといった気配りの技術が信頼性を支えるために重要であることはいうまでもありません.

2.4 ラビングでどうして液晶が並ぶ?

この質問に答えることは,本当は容易ではありません.いくつかの原因があり,場合によってどちらが影響しているか分かりにくいからです.考えられる原因は主に二つあります.一つはラビングによって高分子,特にその主鎖が引き伸ばされて,その主鎖の方向に液晶分子が並ぶという説,もう一つはラビングによって高分子膜に溝ができ,その溝に沿って液晶が並ぶという説です.この二つの説を検証するために,以下に配向制御法を紹介しておきましょう.

溝に沿って液晶が並ぶ

一つ目は溝で液晶を並べる方法です.溝の作り方はいろいろあります.高分子膜に光で溝を書き込んだり,硬い溝のついたスタンプを押し当てて,高分子膜に溝をつけたりする方法です.いずれにしても高分子の主鎖がまったく配向せず,溝だけをつけてやります.このような溝をつけたガラス基板の溝の向きを,上下平行にして液晶セルを組み,液晶を注入すると,液晶分子は溝に沿って配向します.

なぜ,液晶分子は溝に沿って並ぶのでしょう.液晶分子が溝に沿って並んだ場合と溝に垂直に並んだ場合の違いを図2.6に描きました.溝に平行に並んだ場合,液晶分子はすべての領域で平行に並ん

でいます．ところが溝に垂直に並んだ場合，少なくとも溝のそばでは液晶分子は平行ではなく，波打って並んでいます．液晶にはもともと平行になろうとする性質がありますから，波打つような配向は液晶分子にとって安定できない配向です．そのような不安定な配向を避けて，**液晶分子は溝に沿って並ぶ**のです．

分子は溝に沿って並ぶ
どこでも分子どうしはほぼ平行

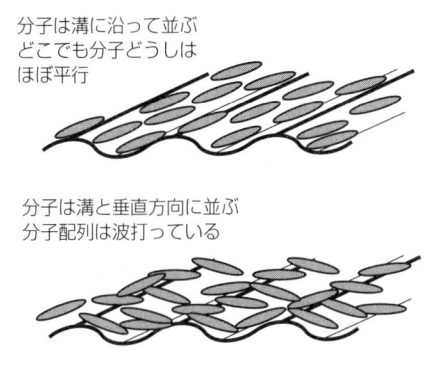

分子は溝と垂直方向に並ぶ
分子配列は波打っている

図2.6 溝構造をもった表面での液晶分子の配向

溝がなくても液晶は並ぶ

二つ目は溝がまったくつかないように注意しながら，高分子主鎖が優先的にある方向を向いた膜をガラス基板につけることです．これにもさまざまな方法がありますが，一般的に光配向法と呼ばれる方法です．光に感じて化学変化や構造変化を起こす高分子に，主に偏光を照射します．塗布後，一様だった高分子の主鎖の配向を特定の方向に向けるようにします*．この方法は，ラビング法と異なり，

---

* このような一様ではない構造を異方的な構造，異方性のある構造などといいます．構造が異方的だと電気的，あるいは光学的性質も異方的になります．電気の流れやすさが方向によって違ったり，光の偏光方向によって屈折率が違ったりするのです（2.6節参照）．

表面には非接触な処理しかしないので、溝はできません。このような表面を使って液晶セルを作り、液晶を注入すると、液晶分子はその方向に沿って配向します。

異方的な表面上での液晶の配向のメカニズムは、溝の上での配向のメカニズムに比べると、説明は簡単ではありません。通常は、特別な向きをもった表面と液晶分子との電気的な相互作用によって説明されています。表面の高分子の主鎖と液晶分子の方向が平行になった方が電気的に安定になるからだと考えればいいでしょう。

このように、溝だけでも、また、高分子の主鎖の方向だけでも液晶分子を特定の方向に配向させることができます。ですから、ラビング処理のときにどちらが効いているかという質問に答えることは難しいのです。しかし、いずれにしてもラビングは、ディスプレイ産業の分野で広く使われてきた、信頼性のある技術なのです。

2.5 表面での微妙な工夫とディスプレイ性能

前節では液晶をガラス基板上で平行にしたり、垂直にしたりするにはどうすればよいかという話をしました。しかし、事はそれほど簡単ではありません。TN型液晶ディスプレイを思い出してください。液晶分子は二つのガラス基板間でねじれた構造をしていたのですね。また、このねじれは右巻きと左巻きが可能で、それらが共存しては困るということもおはなししました。ここでは、これらの問題も表面を工夫することで解決できることをおはなします。

ねじれ配向へのプレチルトの役割

右ねじれと左ねじれのいずれかを選択するのも表面の高分子の仕事です。実はラビング基板上での液晶分子の配向は、基板に対して

2.5 表面での微妙な工夫とディスプレイ性能

完全には平行ではなく,図2.7のように,こすった方向にわずかに浮き上がっています.**液晶分子の基板面からの浮き上がり角をプレチルト角と呼びます**.プレチルトが発生するのは,高分子膜をこすったときに高分子がのこぎりの目のような構造をとるからだといわれています.また,高分子に適量の側鎖を導入することによっても,プレチルト角を大きくすることができます.このように,プレチルト角は配向膜としての高分子材料,液晶分子の種類,ラビングの強さなどによって違いますが,通常は1度から5度ぐらいです.

分子は基板と平行ではなく,少し浮き上がる

プレチルト角

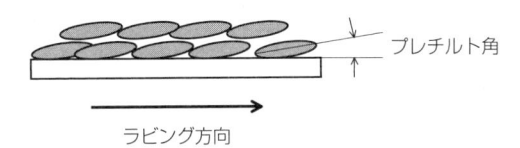

ラビング方向

図2.7 ラビングによるプレチルト角の発生

さて,今度はこのようなプレチルトをもった基板で,TN型液晶セルを作ることを考えましょう.図2.8に示したように,下の基板で液晶分子が右側に浮き上がった配向をしているとします.上の基板では,手前に浮き上がっている場合と,向こう側が浮き上がっている場合の二通りが考えられます.2枚のガラス基板の間をスムーズに液晶分子のねじれでつなぐには,いずれかの巻き方しかないことがお分かりでしょう.図2.8(a)に描いてあるねじれ方だと,分子は基板に対していつも同じ角度をなしています.このねじれを正ねじれといいましょう.一方,逆ねじれを作ろうとすると,図2.8(b)のように,分子はいったん基板に対して平行な状態を経る必要があります.このねじれは,分子の回転だけではなく,基板に対する浮き上がり角も変化させなければならないため,浮き上がり角を変化

させる必要のない正ねじれに対して不利ですから，図2.8(a)のような一方のねじれが選ばれるわけです．

もちろん，上のような説明が成り立つためには，プレチルト角はある程度大きい必要があります．また，プレチルト角のみではどうしても逆ねじれができてしまうことがあるので，ごく少量のキラル化合物を添加して，ねじれの方向を規定することも一般に行われています．

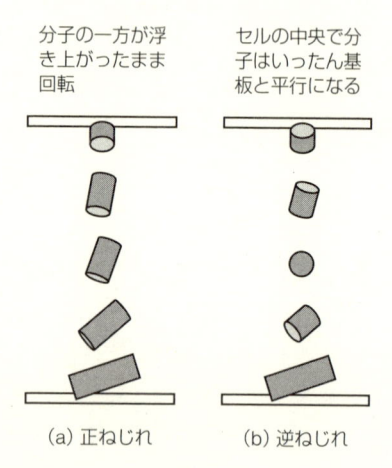

（a）正ねじれ　　　（b）逆ねじれ

図2.8 プレチルト角のある界面を用いた二つのねじれのTN配向状態

スイッチング時のプレチルトの役割

プレチルトがあることは，液晶分子が電圧によって配向変化を起こすときにも，重要な意味があります．プレチルトのある表面の分子は電圧をかけたとき，液晶分子は浮き上がった方が更に浮き上がるように垂直配向に向かいます．ですから正ねじれの場合は，電圧をかけたときにスムーズに垂直配向に移行していけます．ところが

逆ねじれの場合は中央に基板と平行な分子があり，この分子の回転方向は決まりませんし，その分子の上下の分子は逆方向に回転して垂直配向に移る必要があります．こうなると，セルの中央に配向の不連続面ができてしまい，はなはだ厄介な問題です．このように，表面での液晶分子の微妙なコントロールが実は非常に重要なのです．

2.6 液晶テレビに用いられるディスプレイ方式

　TN型以外にも液晶ディスプレイにはいろいろな種類があります．最近では大型テレビに液晶ディスプレイが広く用いられてきており，注目度も高いので，液晶テレビに用いられている方式を二つ紹介しましょう．垂直配向（vertical alignment：VA）型と面内スイッチング（in-plane switching：IP）型です．これらの液晶ディスプレイの原理を説明するためには，まず，異方性をもつ液晶中を進む光の性質を理解する必要があります．

異方性物質中での光の伝播

　光が空気（真空）中を進む速さは毎秒約30万kmで，cで表します．光が物質の中に入ると光の速度は遅くなります．物質中での光の速度は物質の屈折率nに依存し，c/nになります．水やガラスは大体n = 1.5ぐらいで，偏光には依存しません．これらは等方的な（異方的ではない）物質だからです．液晶のような異方的な物質は，二つあるいは三つの屈折率をもっています．このような性質を**屈折率の異方性**といいます．また，**二つの屈折率の差を複屈折**ということもあります．ここでは簡単にするために，二つの屈折率をもっている場合のみを考えましょう．

　図2.9のような一様に配向した液晶セルに偏光が入ってきたとし

ましょう．液晶の配向方向に平行に偏光した光の屈折率は，垂直に偏光した光の屈折率より大きく，典型的にはそれぞれ，1.7，1.5 ぐらいです．屈折率異方性あるいは複屈折は 0.2 ということになります．このとき，液晶の配向方向に偏光した光は，配向方向と垂直に偏光した光より，液晶中では速度が遅いということになります．それでは，液晶の配向方向に対して 45 度の方向の偏光方向をもった光が入ってきたらどうなるでしょうか．

この光は屈折率 1.7 の光と屈折率 1.5 の光の両方の成分をもっていることになります．詳細は 3.5 節にゆずりますが，このような偏光が液晶セルを通過した後では偏光が変化しています．入れた偏光と垂直方向の偏光であったり，円偏光であったり，**一般には楕円偏光**になっています．ですから，2 枚の偏光板の透過軸を直交させておくと，通常，光は遮断されますが，**2 枚の偏光板の間に液晶のような異方性のある物質を挿入すると，光が透過してくる**ことになります．これが，これからおはなししようとしている二つのタイプの液晶ディスプレイの原理です．

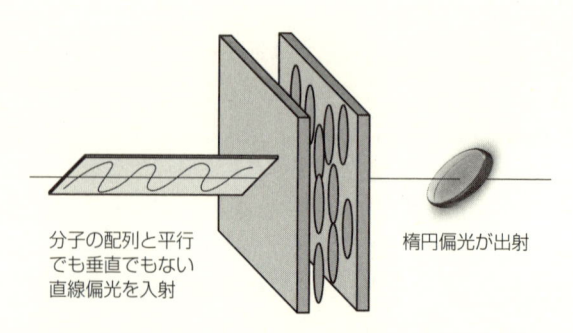

図 2.9　一様配向した液晶セル通過による偏光の変化

VA型液晶ディスプレイ

まず、VA型についておはなししましょう。このディスプレイにはTN型とは違ったタイプの液晶を用います。TN型では電圧をかけたときに、液晶分子が電圧の方向に向かって並ぶ性質のある液晶を使いました。電圧は2枚のガラス基板間にかけますから、電圧をかけることによって液晶分子はガラスに対して立つように並ぶのでしたね。VA型では垂直配向液晶セルを用いて、最初、液晶分子がガラス基板に対して立っているようにしておきます。この液晶セルの2枚のガラス基板間に電圧をかけたとき、ここで用いる液晶分子は、電圧に対して垂直方向を向くような性質をもっています。このように、**VA型では電圧を加えることによって、立っている分子を寝かせるような変化を起こさせます**（図2.10）。

最初は垂直配向　　電圧をかけると基板と平行方向に向かって回転

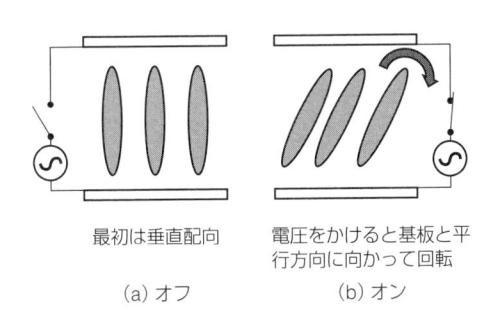

(a) オフ　　(b) オン

図 2.10 VA型ディスプレイにおける液晶分子の配向変化

立っているときには、分子をなが手（長軸）方向から見ることになります。分子はその長軸の周りに自由に回転していますから、この方向から見ると異方性はありません。ですから、直交した偏光板にはさんでみると真っ暗に見えます。一方、分子が寝たときには異方性がありますので、直交した偏光板にはさんでみると複屈折によ

って光が透過してきます.すなわち,この場合はTN型とは違って,電圧がかかってないときにシャッターがオフ(閉)で,電圧がかかったときがシャッターオン(開)です.これがVA型の液晶シャッターです.

IP型液晶ディスプレイ

次はIP型です.IP型はTN型やVA型と違って,**電圧はガラス基板と平行方向**にかけます.そのためにガラス基板上の電極は片側だけに,図2.11のように多数の帯状のものが付いています.これは櫛歯(くしば)電極といって,櫛の歯を互いに両側から入れ合った形をしています.二つの櫛の間に電圧をかけると,各帯状電極間に電圧がかかります.液晶分子は平行配向基板上にあり,帯状電極と45度をなすように配向させておきます.電圧をかけたとき,電圧の方向に向く液晶を用いる場合,電圧と垂直方向を向く液晶の場合は,それぞれ,帯状電極と垂直,平行に配向変化を起こします.このとき,いずれにしても,複屈折の効果で,明暗の変化を起こし

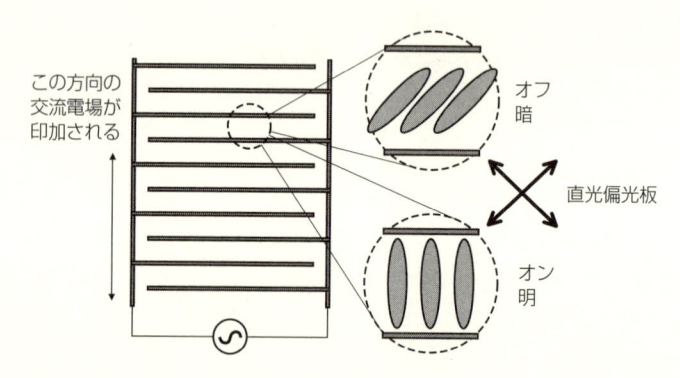

図2.11 IP型ディスプレイ用の櫛歯電極と液晶分子の配向変化

ます.すなわち,直交偏光板の透過軸が帯状電極方向にあるときは明から暗に,直交偏光板の透過軸が帯状電極に対して45度方向を向いているときには暗から明に変化します.

2.7 液晶シャッターをどうやって液晶テレビにするか(1)
―字や絵を出すにはどうするか

ここまで,液晶シャッターの原理についておはなししてきました.液晶は自分で光るのではなく,光を通したり,遮ったりしてディスプレイにするのだということを説明しました.でも,これで複雑な字や絵を表示するにはどうすればいいのでしょう.ここでは歴史を追いながら,どのようにして液晶テレビができてきたのかをおはなしすることにしましょう.

セグメント表示

まず,液晶ディスプレイとして登場したのが時計と電卓です.皆さんの家にも一つは液晶電卓があるでしょう.液晶電卓の数字を見てください.図2.12にあるように,数字は七つの部分からできていることが分かるでしょう.この場合,電卓の数字のディスプレイは片面が全面の共通電極で,もう片面は七つの電極からできているのです.0から9のすべての数字はこれらの電極のどの部分に電圧をかけるかによって表示することができます.このような表示方式をセグメント表示といいます.

電卓の数字を初めとして,家電製品の小さな表示や,体温計の表示などのように,表示するものが決まっているときはこれでディスプレイは完成です.ところが,もう少し複雑なものを表示しようとするとそうはいきません.

共通電極（下）とセグメント電極
1, 2, 4, 5, 6に電圧を印加

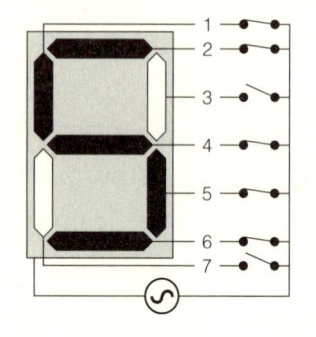

図 2.12 セグメント表示で数字5を表示

マトリックス表示

そこで，字や絵を表示するためにマトリックス表示が開発されました．碁盤のマスのような，マトリックス状の電極を使う方式です．つまり，字や絵を点の集合として表そうというものです．ところが問題はリード線（引き出し線）です．すべての電極に独立に電圧をかけようとすると，マス（電極）の数だけリード線をつながなければなりません．縦横100個ずつのマスがあれば，1万本のリード線が必要になります．

実はそんな面倒なことはしていません．2枚のガラス板に，それぞれ，図2.13のような縦と横の格子状の電極が付いているのです．縦の何番目，横の何番目かを選べばその位置に電圧をかけることができます．ですから，この場合のリード線の数は100 + 100の200本で済むことになります．でも，一度にいくつかのマスに電圧をかけることができるでしょうか．液晶の"L"の字を例に考えてみましょう．そのためには(1, 1), (1, 2), (1, 3), (2, 3)に電圧をかける必要

2.7 液晶シャッターをどうやって液晶テレビにするか (1) 63

があります（図2.13の濃い部分）．そのために，1, 2列，1, 2, 3行に電圧をかけると，電圧をかけたくない(2, 1), (2, 2)にも電圧がかかってしまい，ただの黒い縦長の長方形が表示されてしまいます．

こうならないように，マトリックス型の液晶表示では1行ずつ書き込んでいます．そして，1行目の順番のときには1列目に，2行目の順番のときにも1列目に，3行目の順番が来たら，1, 2列目に電圧をかけるようにします．そうすると目には"L"の字が入ってきます．**このような方式を線順次方式**といいます．電圧をかける方式から行電極を走査電極，列電極を信号電極といいます．

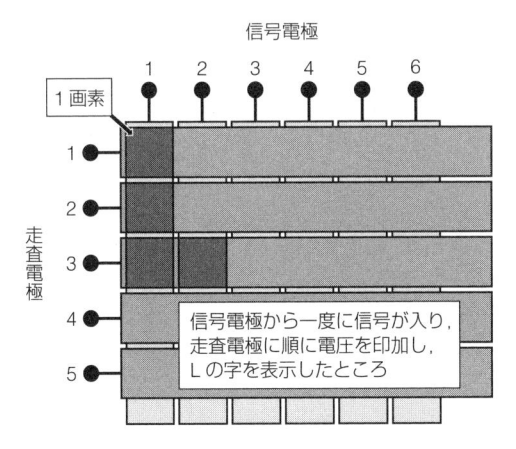

図2.13 マトリクス表示用の電極構造

STN型ディスプレイ

でも，このような線順次方式にも限界があります．それは応答速度の問題とクロストークの問題です．応答速度の問題は2.8節でおはなしすることにして，ここでは簡単に**クロストーク**の問題をおはなししておきましょう．さきほど，まず1行目，1列目に電圧をか

けました.ところが,液晶は完全な絶縁体ではないので,1行目のすべてと1列目のすべての電極にもある程度の電圧がかかってしまいます.これを**クロストーク**と呼びます.液晶セルに電圧をかけたときにある程度の電圧まではまったく応答せず(配向変化を起こさず),ある電圧を超えると応答を始める(しきい値がある)といいのですが,TN型ではかなり低い電圧から応答が始まってしまいます.そのためにクロストークによって,低電圧で少し応答をしてしまい,シャッターが半開きの状態になってしまうという問題が起こります.

この問題を解決するために,しきい値が高く,応答がある電圧で急激に起こるSTN型という表示方式が考え出されました.図2.14にTN型とSTN型の応答の様子を示します.しきい値電圧の違いに注目して下さい.これだとクロストークによる低電圧では液晶はまったく応答せず,ある電圧を超えたときにだけ応答するので,クロストークの問題を回避することができるのです.

また,STNのSはsuper(超)のSで,TN型が90度ねじれであったのに対して,STN型は180度から270度もねじれています.このねじれの強さがしきい値を高くしているのです.この構造はプ

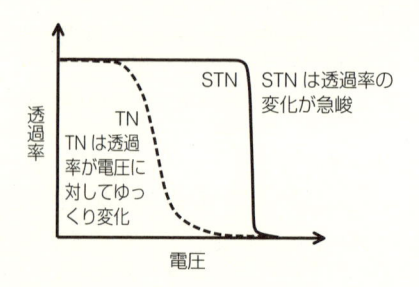

図 2.14 TN 型と STN 型ディスプレイの電圧に対する透過率の変化

レチルト角やキラル添加物の量によって制御されます．この超ねじれのSTN型は表示原理もTN型とは異なっています．

2.8　液晶シャッターをどうやって液晶テレビにするか（2）
—シャッタースピードは十分速いか

STN型はマトリックス方式のディスプレイを可能にし，字や絵を表示することが一応はできるようになりました．しかし，応答速度が遅いとか，斜めから見ると表示が見にくくなるとか，電極本数が数百本を超えるとコントラストが悪くなるという，液晶テレビにするには決定的な欠点をたくさんもっていました．この問題はどのように解決されたのでしょうか．

パッシブ型とアクティブ型

本質的な解決にはトランジスタを用いることが必要でした．これまでに説明してきた普通の**TN型**や**STN型はパッシブ型**といい，トランジスタを用いないディスプレイです．当然，値段は安いですが，性能が劣ります．それに対して，これからおはなしする**トランジスタ付のディスプレイをアクティブ型**といいます．

アクティブ型ディスプレイの説明をする前に，テレビのような動画を表示するにはどのような条件が必要かを考えておきましょう．マトリックス型で線順次方式を使うとしましょう．動画を表示するためには1秒間に60枚の絵を出す必要があります[*]．ですから，1枚の絵を出すのに割り当てられる時間は1/60秒です．マトリックスの行電極（走査電極）が1 000本あったとすると更にその1 000分

---

[*]　最近では120ヘルツが使われています．

の1の1/60 000秒,すなわち0.016ミリ秒,16マイクロ秒しかありません.ところが,**液晶の応答時間はせいぜい数ミリ秒がいいところです**.ですから,ある行に電圧をかけても,液晶がほとんど応答しないうちに次の行に移ってしまいます.たとえ少し応答したとしても,電圧を切れば,すぐ液晶の配向は元に戻ってしまいます.これでは満足な表示ができません.

薄膜トランジスタ

そこで登場するのが,トランジスタ搭載のアクティブマトリックス方式です.この方式では図2.15のように,片面の電極は一つだけで,もう片面に画素の数だけ電極が付いています.トランジスタはそのすべての画素に一つずつ付いています.薄膜トランジスタ(Thin Film Transistor:TFT)と呼ばれるこの**トランジスタはスイッチの役割をします**.スイッチがオンになると画素に電圧がかかり,オフになると電圧が切れます.しかもスイッチですからいったんオンにすると,次にオフにする信号が入ってこない限りオンになった

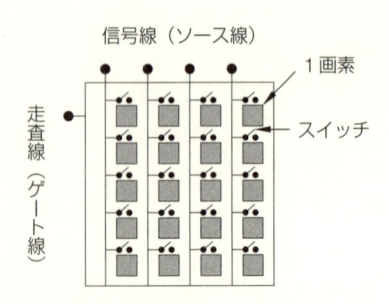

トランジスタは一種のスイッチで,各画素についている

図 2.15 アクティブマトリクス型ディスプレイ用の薄膜トランジスタを含む電極構造

ままです.

トランジスタのオン/オフは線順次で行います.ゲート線(走査線)が一本ずつ順番にトランジスタをオンにしていきます.オンになっている間にソース線(信号線)から入ってきた信号電圧に従って,画素にさまざまな電圧がかかります.次の瞬間には次の行のトランジスタがオンになり,同じく各列にそれぞれ所定の電圧がかかります.強調したいのは,このときに直前に書き込んだ前の行を含めて,すべてのほかの行の情報には影響を与えないということです.すなわち,いったんかけるべき電圧の情報をトランジスタに入れてしまえば,次の順番が回ってくるまで電圧が保たれるというわけです.ですから,液晶は 1/60 秒かけてゆっくり応答すればいいのです.

いったんかけられた電圧が保たれるのは,液晶がコンデンサの役目を果たしているからです.また,もし液晶の純度が悪くてイオンなどが存在し,伝導性があると,たまった電荷が流れてしまい,最初にかけた電圧が下がってきてしまいます.ですから,**アクティブマトリックス方式では高純度の液晶材料を用いることが非常に重要**です.

2.9 色をつけるにはどうするのか

前節までで,動画の表示ができるようになりました.液晶シャッターは単純な"開く","閉じる"だけではなく,電圧の調節によって中間的な状態も作り出せるのです.フルカラーの表示にするには色を出すだけではなく,連続的に明るさを変えることが必要なのです.

色をつける方式についてはいろいろな方式が試されました.最後に生き残り,現在広く使われているのが,**カラーフィルターを用い**

る方法です．色セロファンのようなものと考えてください．液晶はシャッターですから白色光で照らし，光の3原色である赤・緑・青のフィルターの光学フィルターを通してそれを見てみます．すると，それぞれのフィルターのついたシャッターの光の透過率に従い，さまざまな色を表示することができます．青だけを開けるともちろん青，赤と緑を開けると黄色という具合です．もちろん，開け具合も制御するともっとさまざまな色を表示することができます．

色純度がよいほど，すなわち光のスペクトル幅が狭いほど，混ぜたときに多くの色を表示することができ，自然に近い色を再現することができるようになります．でも，そのためにはフィルターで多くの光を失うことになるため，強い白色光が必要になります．これでは消費電力が上がり，痛しかゆしです．

構造上注意すべきなのは，カラーフィルターをガラス基板のすぐ内側につけることです．液晶シャッター部分に近くないと，斜めから見たとき，ガラスの厚みがあってずれてしまい，赤にしたいところが緑になってしまうということが起こります．高精細なディスプレイほど，この問題は深刻になります．実際のカラーディスプレイのカラーフィルターを図 2.16 に示しておきます．赤，緑，青のフィルターが規則正しく並んでいます．

これで液晶ディスプレイの構造の基本的な説明は終わります．最後に，液晶ディスプレイの全体的な構造を図 2.17 に示します．これまで，おはなししてきた部品がどのような構造で液晶ディスプレイの中に作りつけられているのかが分かるでしょう．

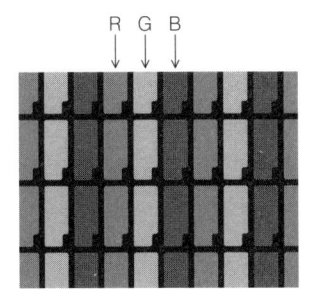

2.9 色をつけるにはどうするのか 69

赤，緑，青のカラーフィルターが
並んでいる

図 2.16 カラーフィルター

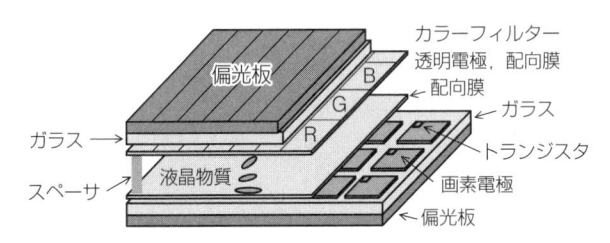

図 2.17 アクティブマトリクス型ディスプレイの全体構造

/第2章のまとめ/

- 液晶ディスプレイは液晶を使った光のシャッターである.
- 電圧印加により,液晶分子の配列変化を起こすことがシャッターの基本である.
- 液晶セルに直線偏光を入射すると,偏光の回転,偏光状態の変化などが起きるが,それをもう一つの偏光板を通してみることで明暗を表示する.
- 最も広く用いられているTN型ディスプレイは分子が基板の間で90度ねじれている.
- 垂直配向は側鎖型の高分子を塗布することにより,水平配向は高分子を塗布し,基板をこする(ラビング)ことにより達成できる.ラビングで液晶が並ぶのはラビングによる溝の効果と,高分子主鎖の配列による.
- 基板表面での分子のわずかな浮き上がりをプレチルトと呼ぶ.プレチルトはねじれ構造の向きを規定したり,スムーズな分子の配向変化のために重要である.
- 液晶テレビに用いられているのは主にVA(垂直配向)型とIP(面内スイッチング)型である.
- 液晶ディスプレイにはパッシブ型とアクティブ型がある.パッシブ型にはTN型やSTN型があり,それぞれセグメント表示,マトリックス表示に主に用いられる.アクティブ型にはすべての画素に薄膜トランジスタが付いている.
- トランジスタはスイッチの役割をする.すなわち,いったんスイッチがオンになったら,オフにしない限り,電圧がかかり続ける.
- マトリックス型やアクティブ型では通常,線順次方式で駆動する.
- カラー表示にはカラーフィルターを用いる.

第 **3** 章

液晶の科学－物性

　前章では，液晶ディスプレイの原理についておはなししました．そこでは液晶の様々な性質が使われていますが，詳しいことは後回しにしました．この章では，液晶の科学を，特にディスプレイ応用に深くかかわっている話題を中心に，やさしく解説してみたいと思います．登場する液晶は特に断らない限り，ネマチック液晶です．

3.1 液晶は弾性体

弾性体とは普通,バネのように,力を加えるとそれに比例して伸びたり,縮んだりするものをいいます.実は,液晶も弾性体です.どうしてでしょう.液晶は流動性がありますから弾性体ではありえないと思うのが常識でしょう.でも,バネとは違ったタイプの弾性体なのです.

液晶のもつ弾性

らせん状のスプリングバネならバネを引っ張ることによってバネがのびるわけです.ですから,バネの弾性は長さの変化,すなわち,位置の秩序に関する弾性です.このときの弾性定数は与えた力に対する変形量の比で定義します.弾性定数の大きいバネは硬い(強い)バネになります.

液晶には位置の秩序はありませんから,バネと同じような意味での弾性はありません.ですが,液晶には方向の秩序があります.ですから方向の秩序を乱す変形を起こすと,**もとの方向の秩序に戻そうとする弾性**があるのです.いずれの種類の弾性も,弾性定数を与えた力に対する変形の大きさの比で表すことは同じです.しかし液晶の場合,力に対して変化するのは分子の位置ではなく,分子の(正確にはダイレクターの)向きがどれぐらい急激に変化するかです.

図3.1に示すような三つの変形を考えましょう.もともと液晶分子が平行に並んでいたもので,それぞれ,扇のように**広げる変形(広がり変形),ねじる変形(ねじり変形),曲げる変形(曲げ変形)**です.このような変形を与えたとき,のびたバネが元に戻ろうとするように,ネマチック液晶は元の平行な配向に戻ろうする復元力が働きます(図3.2).戻る力の強さ(弾性定数)は通常の液晶の場合,

3.1 液晶は弾性体

広がり変形，ねじり変形，曲げ変形の順に大きくなります．

広がり変形　　　　ねじり変形　　　　曲げ変形

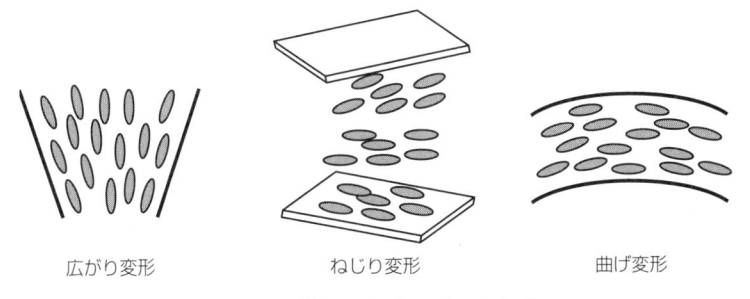

図 3.1 液晶における三つの変形

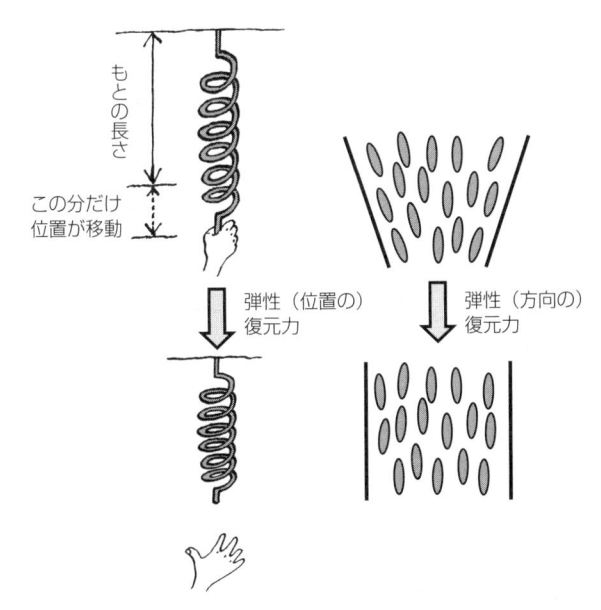

図 3.2 位置の弾性と方位の弾性

弾性の効果

第1章で，液晶が濁っているのは液晶のダイレクターが大きな波長で揺らいでいるからだといいました．波長の大きな揺らぎ（方向の変形）は，ダイレクターの変化の仕方が緩やかなので，変形に大きなエネルギーを要しません．ですから，熱のエネルギーでこのような変形は常に引き起こされています．そうすると，後に述べる屈折率の異方性のために屈折率の空間的な変化（分布）が生じ，これが光を散乱するのです．

液晶ディスプレイの中でも弾性は重要な役割をします．例えば，TN型液晶ディスプレイでは，2枚のガラス基板上で液晶が90度の方向をなすように配列しています．そのときに液晶の配向が一様なねじれをとるのは，これが一番弾性のエネルギーを小さくできるからです．また，電圧をかけて液晶を基板に垂直にしたとき，基板上からセル内部へ非常に急激な配向の変化が生じています［図2.2(b)参照］．これは，電圧の力によって，弾性エネルギーが高い状態に保っているからで，電圧を取り除くと，弾性エネルギーの小さな，もとの一様なねじれ状態に戻ります．

他のディスプレイ方式でも事情は同じです．ガラス基板表面に固定されたダイレクターがあるから，**のばしたバネが元に戻るように，電圧を取り除くと，液晶の分子の配列が元に戻るのです**．液晶シャッターのオン・オフが繰り返し使えるのは液晶が弾性体だからなのです．

3.2　電気的異方性

1.2節，2.6節などですでに説明しましたが，見る方向によって構造が違ったり，物理的な性質が異なっているとき，異方性があるとい

3.2 電気的異方性

います.ここでは電気的性質に現れる異方性について説明します.

正の誘電異方性,負の誘電異方性

液晶ディスプレイの説明のところ(2.2節)で,液晶分子が電圧の方向に平行になるものと,垂直になるものがあるということを学びました.これを**電気的な異方性**,ネマチック液晶の場合はもう少し具体的に,**誘電率の異方性**といいます.

通常は絶縁体で,電場をかけると分極が発生する物質を誘電体といいます.誘電体に電場 $\mathbf{E}$ をかけると,$\mathbf{E}$ に比例した分極 $\mathbf{P}$ ができます.

$$\mathbf{P} = \varepsilon_0 \chi \mathbf{E} \tag{3.1}$$

電気変位(電束密度)$\mathbf{D}$ は,

$$\begin{aligned}\mathbf{D} &= \varepsilon_0 \mathbf{E} + \mathbf{P} = \varepsilon_0 \mathbf{E} + \varepsilon_0 \chi \mathbf{E} \\ &= \varepsilon_0 (1+\chi) \mathbf{E} = \varepsilon_0 \varepsilon_r \mathbf{E} = \varepsilon \mathbf{E}\end{aligned} \tag{3.2}$$

と書けます.ここにでてくる ε を誘電率,これを真空の誘電率 ε_0 で割ったもの,$\varepsilon_r = \varepsilon/\varepsilon_0$ を比誘電率と呼びます.通常,誘電率と呼ぶのは無次元の比誘電率のことです.これからは比誘電率 ε_r のことを単に ε と書き,誘電率と呼ぶことにします.

$\mathbf{D}$,$\mathbf{E}$,$\mathbf{P}$ はすべて方向と大きさをもったベクトル量です.等方的な誘電物質中では電場の方向に分極や電気変位が生じます.しかし,異方性のある物質中ではそうはいきません.つまり,$\mathbf{D}$ と $\mathbf{E}$ は必ずしも一致しません.このとき,誘電率 ε はベクトルとベクトルをつなぐ係数であるテンソル量です.

例えば,ネマチック液晶のような物質では誘電率のテンソル成分は,分子長軸に平行方向の誘電率 $\varepsilon_\parallel$ と垂直方向の誘電率 $\varepsilon_\perp$ の二つが存在します.この差 $\Delta\varepsilon = \varepsilon_\parallel - \varepsilon_\perp$ を誘電率の異方性といい,$\Delta\varepsilon$ が正のもの,負のものをそれぞれ**正の誘電異方性,負の誘電異方性**と

いいます．

電圧印加による配向変化

少し話が難しくなりましたが，液晶には流動性がありますから，電圧（電場）をかけると，正の誘電異方性をもつ液晶は電圧（電場）の方向と平行に，負の誘電異方性をもつ液晶は垂直に方向を変えます．液晶の誘電異方性はどのように決まるかというと，通常は，もし分子の長軸方向に双極子をもてば正の，短軸方向に双極子をもてば負の誘電異方性をもちます．図3.3に示した二つの液晶分子は，それぞれ正と負の誘電異方性をもつ分子の代表例です．大きな双極子CFがそれぞれの分子の長軸，短軸方向についています．

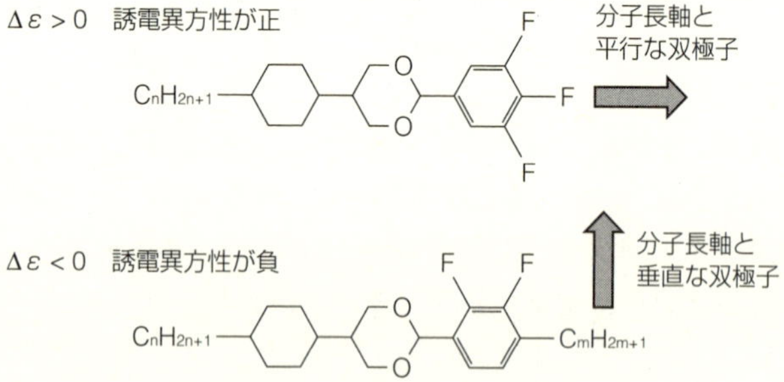

図3.3 正，負の誘電異方性をもつ代表的な液晶分子

このような液晶物質に電圧（電場）をかけると，双極子が電場の方向に平行に配向します．ここで気をつけなければいけないのは，**双極子は電場の方向と平行になりますが，電場の方を"向く"わけではないということです．**二つの場合に分けておはなししましょう．ネマチック液晶の配向には分子の頭と尾の区別はありません．ネマチック液晶は平行に並ぼうとする性質がありますが，頭（尾）をど

ちらに向けるということはありません.**頭(尾)がある方向を向いている分子とその逆向きのものは同じ数だけあります**.誘電異方性が正の液晶物質を電場で配向させる場合も,分極を電場と平行にする分子と反平行にする分子とは同じ数だけあるのです.

誘電異方性が負のものはどうでしょう.液晶は流動性がある物質ですから,決して止まってはいません.位置を変えたり,向きが揺らいだりしているばかりではなく,分子長軸を回転軸にして高速で自由回転しています.それでも誘電異方性が負であれば,電場をかけたとき,分極が分子の短軸方向にあるので,分子は電場と垂直方向に向こうとします.でも,決して分子の自由回転を抑えて分極を電場の方向に向かせるわけではありません.電場と分子の電気的な相互作用のエネルギーは,熱エネルギーにはとてもかなわないのです.

この節は少し難しかったので,最後に要点をまとめておきます.液晶のような異方性のある物質には,誘電率にも異方性があります.電場をかけたとき,誘電異方性が正の液晶分子はその長軸を電場方向に,誘電異方性が負の液晶分子はその短軸を電場方向に向ける性質があります.ですから,ガラス基板間に電圧をかけたとき,**液晶分子を立たせたいなら誘電異方性が正の,寝かせたいなら誘電異方性が負の液晶を使う必要があるのです**.

3.3 洋ナシ形分子とバナナ形分子

分子の形に由来する液晶特有の現象を紹介しましょう.棒状をした分子からなるネマチック液晶相を考えましょう.ネマチック相ですから,分子はその長軸をある方向(ダイレクター方向)に向けて配列します.このことは,分子の形が棒状から少し変形し,洋ナシ

形やバナナ形をしていても同じです。図3.4(a)のように分子の頭尾や屈曲方向はそろっていません。特別な例を除いては、分子は長軸を回転軸にして自由に回転していますし、頭尾をそろえて配列することはないのです。

これらの分子を特別な形をした容器に入れたときには若干事情が異なります。容器としては2枚の板の間を考えます。ただし、2枚の板は平行平板ではなく、図3.4(b)のように扇を広げたようになっていたり、たわんでいたりします。これらの容器にそれぞれ洋ナシ形、バナナ形の分子を入れるとどうなるでしょう。図を見ると、洋ナシの頭の方向、バナナの屈曲方向をそろえたほうが容器への収まりがよくなることが分かります。液晶ではこのようなことが起こります。ただし、これらの図は誇張して描いてあることを注意しておきます。変形を与えると、分子の向きがすべてそろうわけではなく、

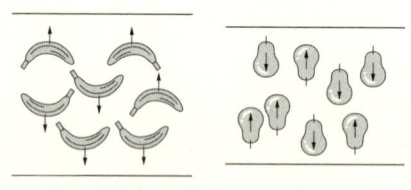

(a) 双極子は打ち消しあい、分極はゼロ

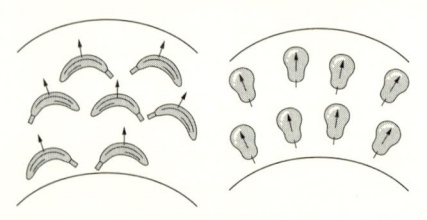

(b) 変形によって分極が発生

図3.4 フレクソエレクトリック効果の説明

向きのバランスがわずかに崩れると考えた方がいいでしょう．

もし，分子が分極をもっていると，図3.4(b)のような**変形によって巨視的な分極が発生する**ことになります．**この現象はフレクソエレクトリック現象として知られています**．流動性と異方性をもつ液晶ならではの現象で，結晶では非常に特殊な場合を除いては観測されることはありません．結晶で観測される似たような効果は圧電効果，すなわち圧力によって分極が発生する効果です．圧電効果が位置の変形によって起こるのに対して，フレクソエレクトリック効果は方向の変形によって起こるという違いがあります．

このようなフレクソエレクトリック効果を使って，分極をもった液晶相を作ることができないかと考えることは自然です．実際にこのような考えから，液晶における初めての強誘電性が見出されました．このことは，5.1節で紹介することにします．

3.4 液晶のアンカリングと配向変化

液晶ディスプレイを作るときに必要な液晶の性質は，①液晶を配向させること，②小さい電場で液晶分子の配向変化を起こさせること，③電場を遮断したとき液晶分子の配向を元に戻すこと，④これらの変化を光学変化として使うことなどです．本章ですでに説明した液晶の物性を使いながらこれらを説明しましょう．

液晶のアンカリング

液晶分子は，平均的にその長軸をある方向に向ける性質をもっています．しかし，あくまで流動性がありますし，器の中でどちらの方向を向いたらよいのかは人為的に指定してやる必要があります．このためには2.3節で述べたように，液晶を挟み込むガラス基板の

界面を使います．界面を用いた液晶分子の配向制御には，大きく分けて水平配向と垂直配向があります．図2.3ですでに示したように，文字通り分子を基板と水平にしたり，垂直にしたりする配向制御法です．

2.3節でおはなししたように，水平配向にはラビング法を使います．液晶がラビングによって基板に水平に並んでいるといっても，厳密にいえばその強さはまちまちです．**液晶分子がどれくらい強く界面に束縛されているかを表すのがアンカリング力（アンカリングエネルギー）**です．アンカーというのは船のいかりをおろすという意味ですから，液晶分子の方向を束縛するということになります．ディスプレイの観点からは，基板に平行になっている液晶分子を起き上がらせる力に対する束縛と，基板面内で回転させようとする力に対する束縛が重要です．それぞれ**極角アンカリング**，**方位角アンカリング**といいます．

平行配向している液晶セルの基板間に電場をかけたとき，極角アンカリング力が弱いと基板近くの分子も立ち上がってきてしまいます．また，同じセルに基板と平行方向に，配向方向と異なる方向の電場をかけると，液晶の配向はねじれます．ですが，方位角アンカリングが弱いと界面近くの分子が回転し，ねじれ角が小さくなってしまいます．このようなことが起きないためにも，基板のアンカリング力は強い必要があります．そのためにもポリイミドはよい材料です．

外場による配向変化

界面のアンカリングが十分に強い基板を用いて，液晶を図2.3のように並べることができたとしましょう．このようなセルに，電場や磁場をかけたときの配向変化についておはなししましょう．電場

による液晶分子の配向変化については，すでに3.2節でおはなししました．ここでは$\Delta\varepsilon$が正の液晶，すなわち，電場印加によって液晶分子が電場の方向に並ぼうとする液晶を考えましょう．磁場を印加したとき，棒状の液晶分子は一般に磁場の方向に並ぼうとします．$\Delta\varepsilon$が正の液晶に電場を印加したときと同じです．

この液晶セルに，電場や磁場をかけたときの配向変化について考えてみましょう．まずは，水平配向したセルのガラス基板間に電圧を印加したときの片側の界面に注目しましょう．変形は図3.5(a)のようになり，広がり変形が生じます．また，基板内（基板面と平行）に電場を印加するとねじれ変形が生じます［図3.5(b)］．曲げ変形を生じさせるには図3.5(c)のように垂直配向セルを作り，基板内電場を印加する必要があります．厳密にいえば，図3.5(a)，3.5(c)の場合には変形が大きくなると，それぞれ曲げ変形，広がり変形も導入されます．

強いアンカリングの界面をもつ基板で液晶セルを作り，それに図

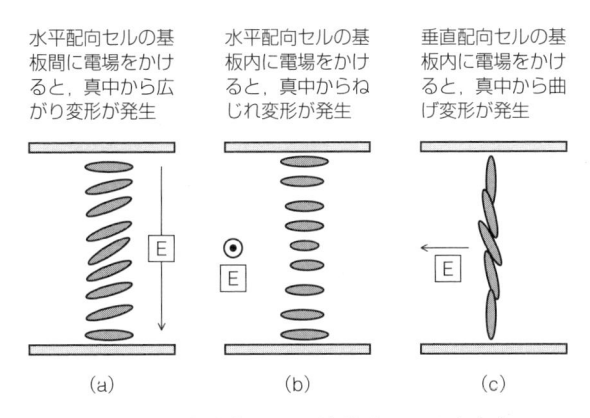

図 3.5 電場印加による液晶分子の配向変化

3.5のような外場を印加したとき，変形は外場のかけ始めから始まるのではなく，ある外場強度になったときに変形が始まります．このような変化を**フレデリックス転移**と呼びます．フレデリックス転移は，一様な配向を保とうとする液晶の性質と，向きを変えさせようとする外場と液晶との相互作用の競合で生じます．液晶の弾性定数が大きいほど一様な配向を保とうとする力が強く，外場が強いほど向きを変えやすくなるわけですから，**弾性定数と変形が開始する外場の強さとの間にはある関係式が成り立ちます．ですから，どれくらいの電場（磁場）で変形が始まったかを決定すれば，弾性定数が決定できることが分かります．**

変形の起きた状態から外場を除去すれば，液晶は一番安定な一様な配向状態に戻ることはいうまでもありません．変形したバネが力を除去すると元に戻るように，液晶も弾性体だからです．

3.5 光学的異方性

複屈折

3.2節では液晶の電気的な異方性について述べました．ここでは光学的な異方性についておはなしましょう．2.1節でも述べたように，光は横波で，電磁波ですから，光の進行方向に対して垂直方向に振動する電場や磁場を作りながら進んでいきます．電気的異方性を考えるとき，液晶分子に対する電場の方向を考えたように，光学的異方性を考えるとき，光の電場の方向を考える必要があります．電場の振動が単一の面内にあるとき，この光は直線偏光といいます．

水のような一様な（異方性のない，等方的な）物質中を光が進むときの物質中での光の速度は偏光によらず，真空中の光速を屈折率

で割ったものになります．一方，液晶のような異方性の物質では，屈折率は偏光によって違います．このような性質を**屈折率異方性**，**複屈折**などといいます．一般に，液晶分子の長軸方向と平行に振動する偏光に対する屈折率は，垂直方向に振動する偏光に対する屈折率よりも大きいのが普通です．ということは，長軸と平行な偏光は，垂直な偏光よりも物質中での速度が遅いということになります．

異方性物質中での光の伝播

このような異方的な物質中での光の伝わり方については，すでに2.6節で説明しましたが，重要なのでもう一度，説明しておきましょう．長軸と45度方向に偏光した光を液晶中に入れるとどうなるかを考えます（図3.6）．このときは入射した偏光を長軸と平行な偏光と垂直な偏光に分けて考える必要があります．入射時にはこの二つの波（偏光）の山と谷の位置はそろっています．ところが，この二つの偏光は物質中での速度が違いますから，波の山や谷の位置がだんだんずれてきます．ですから，光が液晶を透過し，出射するとき

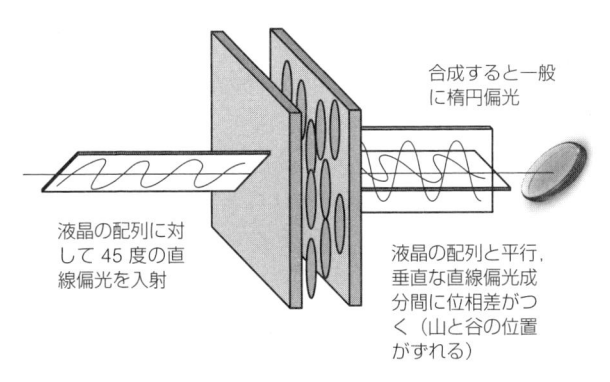

図 3.6 液晶の光学異方性による偏光の変化

には，二つの偏光を合成した波はもはや最初のような直線偏光ではなく，楕円偏光になっています．

出射光の形は，屈折率異方性の大きさ，試料の長さ，波長等に依存し，特殊な場合には楕円偏光は直線偏光であったり，円偏光であったりもします．すなわち，一方の偏光の山ともう一方の偏光の谷が対応するようにずれた場合（半波長だけのずれ）には，最初の偏光と直交する直線偏光になりますし，一方の偏光の山あるいは谷が，もう一方の偏光のふしに対応するようにずれた場合は円偏光になります．

液晶テレビに使われているディスプレイ方式は液晶のこのような光学異方性，ひいては偏光変化を用いたものであることはすでに述べたとおりです．このように液晶ディスプレイは，液晶の電気的・光学的異方性，外場による容易な配向変化，弾性体であることなど，液晶の様々な特性を用いて成り立っているのです．

3.6 結晶の欠陥構造と液晶の欠陥構造

シリコンの結晶や食塩の結晶などは，それぞれの結晶構造をもっています．シリコンは四つの結合の手を縦横に共有結合させて，ダイヤモンド構造といわれる結晶を形成しています．また，食塩はナトリウムと塩素を交互に碁盤の目のように配し，イオン結合を形成しています．これらの結晶，特にシリコンを工業的に使う場合，完璧な欠陥のない結晶が求められることはいうまでもありません．ところが，どうしてもある確率で欠陥は入ってしまいます．ですから，シリコンをトランジスターなどとして使おうとするときには，その成功は欠陥との戦いにかかっているといってもいいでしょう．

転　位

　結晶の欠陥には大きく分けると**点欠陥，線欠陥，面欠陥**があります．言葉どおりの点状，線状，面状の欠陥構造です．結晶には並進の対称性（結晶の基盤の目を平行にずらしたとき，元の基盤の目と完全に重なる性質）があります．結晶の一部に並進操作を施すことによって作られる欠陥構造を**転位**といいます．線欠陥を例にとって説明しましょう．図 3.7(a)は欠陥のない結晶のある面を表しています．格子点が碁盤の目のように並んでいますね．

　ここに，図 3.7(b)のように，結晶格子を押し開いて，下半分に格子面を1格子面分だけ入れてみましょう．すると，×印の所に並進対称性の崩れた欠陥があることが分かるでしょう．挿入したのが格子面ですから，欠陥は×の所に紙面の上から下に伸びる欠陥線であることが分かるでしょう．欠陥がここに集中しているのは，それ以外の所は少し格子がひずんでいても，並進秩序を保つ構造になっていることから分かります．

完全な欠陥の無い　　×の所に転位欠陥が　　×の所に転傾欠陥がある
格子　　　　　　　　ある　　　　　　　　右隅から始めて×の周りで4格
4格子ずつ移動す　　×の周りで4格　　　　子ずつ移動すると5回の移動で
ると元に戻る　　　　子ずつ移動すると　　もとの場所には戻るが，船（■）
　　　　　　　　　　元には戻らない　　　の方向が元には戻らない

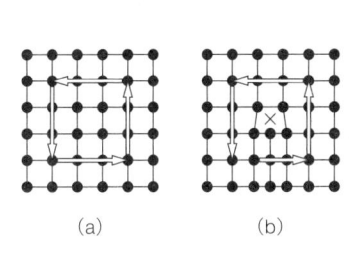

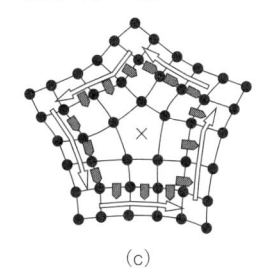

(a)　　　　　　　　(b)　　　　　　　　(c)

図 3.7　結晶における欠陥構造

転　傾

一方，結晶の対称操作には回転対称性もあります．例えば，図 3.7(a) の場合は 180 度の回転や 90 度の回転に対して対称です．すなわち，例えば，この結晶を紙面に垂直な軸の周りに 90 度回転しても元の結晶に重なります．それでは，このような回転の対称操作によって欠陥を作ってみましょう．図 3.7(c) がそれです．結晶に切れ目を入れ，回転対称操作である 90 度だけ押し開き，その空間に同じ結晶構造を挿入したものです．このようにしてできる欠陥を**転傾**と呼びます．この場合も欠陥は×印の所に紙面の上から下にのびる線欠陥となっています．図 3.7(b) の転位と比較すると，図 3.7(c) の方が，ひずみが欠陥線の周りにずっと広く広がっていることが分かります．このため，このような欠陥，転傾は，結晶中ではまず見ることはできません．

それでは液晶ではどうでしょう．ここではネマチック液晶を考えましょう．ネマチック液晶は位置の秩序がないので，転位はあり得ません．転傾はどうでしょうか．ネマチック液晶の回転対称操作は 180 度回転なので，ネマチック液晶の配向方向に沿って切れ目を入れ［図 3.8(a)］，180 度押し開き，できた空間にネマチック液晶を挿入してみましょう［図 3.8(b)］．構造が安定化するように，図 3.8(b) を緩和させたのが図 3.8(c) です．中心に線欠陥（転傾）ができており，細い線で書いたダイレクターが，欠陥以外の場所で連続的につながっていることが分かるでしょう．

欠陥周りには液晶の曲げ変形や広がり変形が存在しますが，結晶の位置の弾性定数に比べて，これらの方向の弾性定数ははるかに小さいので，エネルギーの損は少なく，このような転傾がネマチック液晶には存在できるのです．次節ではこれら液晶特有の欠陥構造についてもう少し詳しく紹介することにしましょう．

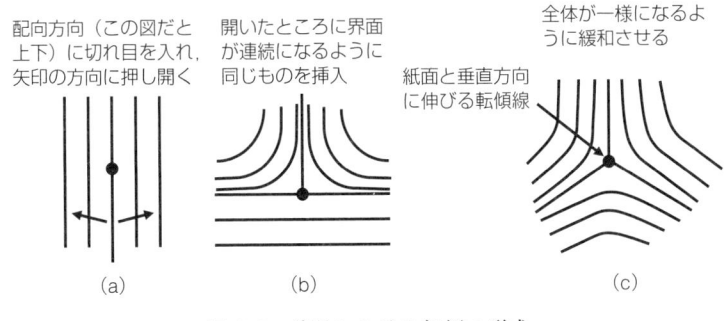

図 3.8 液晶における転傾の形成

3.7 液晶特有の欠陥構造

転傾の顕微鏡像

前節で述べたように，液晶では**転傾**といわれる欠陥構造がよく観察されます．結晶に見られる転位が，空間的に大きなひずみを伴わないのに対して，転傾周りのダイレクターのひずみは空間的に大きく広がっているために，光学顕微鏡でも容易に観察することができます．それではこの欠陥は，偏光顕微鏡ではどのように見えるのでしょうか．

偏光顕微鏡とは，試料の前後に偏光板を配した光学顕微鏡で，通常は透過軸方向が直交する2枚の偏光板間に試料を置いて観察します．3.5節の話を思い出していただければ分かるように，ダイレクターの方向が偏光板の方向とある角度をなしていれば明るく，偏光板の方向と同じであれば，試料通過によって偏光状態は変化しないので，暗い視野が得られます．図3.8(c)の転傾を図3.9のように直交した偏光板間に置いてみると，ダイレクター（図3.9の細い線）

が偏光板の透過軸と平行，または垂直な所では，暗視野となります．その他の部分では，ダイレクターは常に偏光板とある角度をなしているので明視野となります．図 3.9(a) のグレーの三角形部分が，暗視野の部分です．

このように，転傾線から 2 本の黒い帯が見える状態は図 3.9(b) のような場合も考えられます．一方，図 3.9(c)〜(f) のようなダイレクター分布をしている場合には 4 本の黒い帯が見えることは容易にわかると思います．実際，ネマチック液晶を配向処理しないガラス基板間に挟んだときには図 3.10 のような顕微鏡像を見ることができます．液晶を顕微鏡で見た像を**組織**あるいは**テクスチャー**といいます．

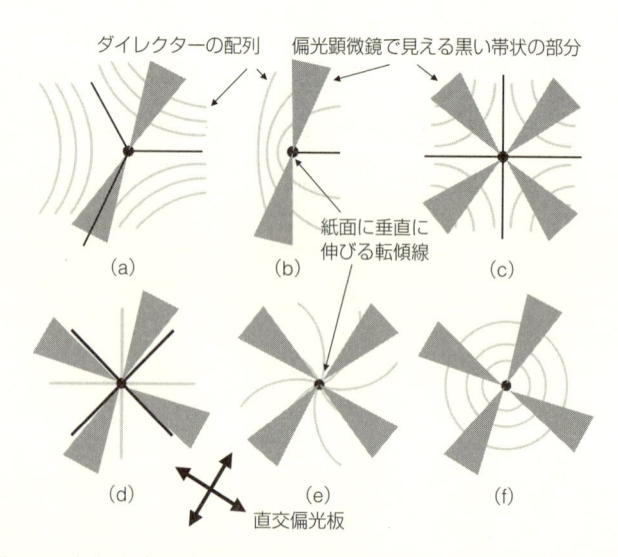

図 3.9 転傾を含む液晶を偏光顕微鏡観察したときの黒い帯の形成

3.7 液晶特有の欠陥構造 89

白い点（転倒線を上から見たもの）を
中心に，二つないし四つの黒い帯が広
がっている．

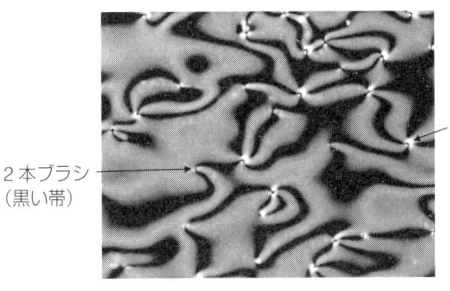

4本ブラシ
（黒い帯）

2本ブラシ
（黒い帯）

図 3.10 転傾をふくむ組織（シュリーレン組織）の顕微鏡写真

くさび転傾とねじれ転傾

これまで述べてきた液晶の転傾はくさび転傾と呼ばれます．図3.8(a)のように，くさびを打ち込んで押し広げて作る転傾だからです．液晶にはもうひとつの重要な転傾があります．ねじれ転傾といわれるものです．この転傾は図3.11のように，上下基板の間で逆むきにねじれた二つの構造の境界にできる欠陥構造です．図3.11の(a)(b)，(d)(e)では，分子の配列はそれぞれ曲げ変形，広がり変形をしながらも面内で連続的につながっています．しかし図3.11(c)では，境界で両側の分子が直交するので，連続というわけにはいかずに，基板に平行な欠陥線を形成します．

このような欠陥はプレチルトのない水平配向処理した基板でTN構造を作ったときに現れます．プレチルトは2.5節ですでに説明したように，TNセルでねじれの向きを規定する役割をします．ですから，プレチルトがないと，右巻き，左巻きのTN構造ができてしまい，その境界にくっきりとねじれ転傾線が現れます（図3.12）．

もちろん,ディスプレイにはあってはならない欠陥です.

そのほか液晶には様々な欠陥構造が現れます.これらはデバイスにとっては困りものですが,液晶の相を決定したり,構造を考えたりする際には役に立つことがしばしばあります.

ねじれ転傾線
(この部分だけは分子の配列が連続的につながらない)

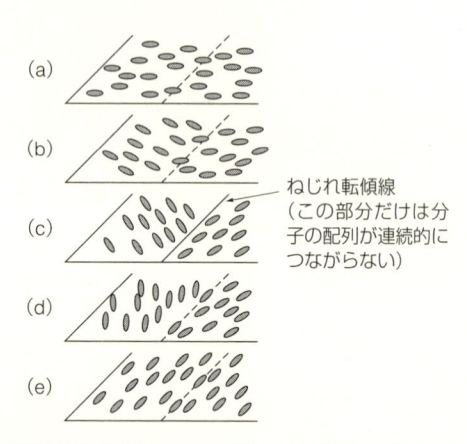

図 3.11 90度ねじれ配向によるねじれ転傾線の発生

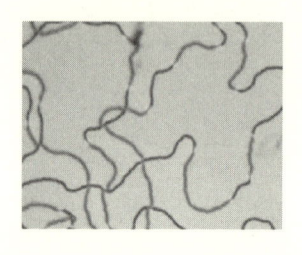

図 3.12 ねじれ転傾の顕微鏡写真

第3章のまとめ

- 液晶は位置の秩序はないが，弾性体である．
- 方向の秩序を乱したときに復元力が働く．
- 液晶の方向の変形には広がり変形，ねじり変形，曲げ変形がある．
- 液晶には電気的異方性，すなわち誘電異方性がある．
- 電場印加によって，誘電異方性が正の液晶は電場方向を，負の液晶は電場と垂直方向を向く．
- 洋ナシ形分子，バナナ形分子の入ったセルを変形すると，分極が生じるという現象を，フレクソエレクトリック効果という．
- 液晶を基板に束縛する力をアンカリング力という．
- アンカリングには極性アンカリングと方位角アンカリングがある．
- 配列した液晶に外場を印加したとき，変形が始まる現象をフレデリックス転移という．
- フレデリックス転移のしきい値を求めることによって，弾性定数を決定できる．
- ダイレクターに平行な偏光に対する屈折率は垂直な偏光に対する屈折率よりも大きい．
- 屈折率が偏光方向に対して異なることを，屈折率異方性または複屈折という．
- 液晶には方位に関する欠陥，転傾が存在する．
- 転傾にはくさび転傾とねじれ転傾がある．
- くさび転傾を偏光顕微鏡でみると，2本あるいは4本のブラシが観測できる．これをシュリーレン組織と呼ぶ．

第 **4** 章

まだまだ進化する液晶ディスプレイ

　　液晶は画像の世界を大きく変え，私たちは100インチに迫る大型薄型テレビで，高画質の映像を楽しめるようになりました．この章では，ここまで画像の質を上げてきた技術者の努力を振り返りつつ，現在の，あるいは今後のディスプレイの応用にもページを割いていきたいと思います．

4.1 液晶ディスプレイ小史 (1)
―ディスプレイの提案からデバイス供給まで

 液晶が発見されたのが1888年であることはすでにおはなししました.それでは,液晶をディスプレイに使おうと考え始めたのはいつごろからでしょう.液晶の基礎研究はヨーロッパで始まり,ヨーロッパで発展しました.特にドイツとフランスがその中心でした.基礎研究を実験的に始めるにあたって,重要な課題は液晶を並べることでした.今では一般的に用いられているラビング技術は,1917年にモーガンによって始められ,その後のシャテランの研究に引き継がれました.電場や磁場を印加することによる配向変化は,1927年にフレデリックスが発見しています.この有名な発見も,液晶の配向技術が確立されたことによってなしえた仕事です.このように,液晶をディスプレイに使うための素地は1930年頃にはすでにできていたといってもいいと思います.このころの様子は沼田幹『液晶ディスプレイの技術革新史』(白桃書房,1999)に詳しく述べられています.この本を参考に,液晶ディスプレイの立ち上がりの頃の様子を紹介しましょう.

RCAでの研究開発

 第二次世界大戦が終わり,徐々に液晶の研究はアメリカに広がっていきました.特にこのころの巨大科学技術予算は,政府の研究所より,むしろ民間へ流れ,基礎研究と先端技術の融合が推進されました.1969年のアメリカの研究開発予算は256億ドルで,西ドイツ,フランス,イギリス,日本の合計の倍以上でした.また,研究がドイツ,フランスから,イギリスにも広がっていったため,1965年ごろから英語の文献数が急増しています.これも研究,開発には

4.1 液晶ディスプレイ小史 (1)

追い風になったようです.

そのころ,アメリカの大手メーカーである RCA はブラウン管以外の画像形成技術,特に壁掛けテレビに注目していました.今思えば,現在,夢が現実になった壁掛けテレビがすでにこのころ夢見られていたのです.このころ RCA に入り,別の仕事をしていたハイルマイヤーは液晶の研究へと入っていきました.彼は 1964 年に色素を添加した液晶セルを作り,セルの色が赤から無色に変わることを発見しました.大きさは 1 ～ 2 インチ,しかも 100℃ に熱する必要がありましたが,それでも研究チームは "壁いっぱいの大きさをもつ平面パネル・カラーテレビがすぐにでもできそうだった" と思ったそうです.

同じ 1964 年には,後にシャープが初めて電卓のディスプレイ(図 4.1)として採用した動的散乱モードの発見も RCA でなされています.こんな時期に,液晶を使った壁掛けテレビ開発のプロジェクトチームができて研究開発を始めました.そのころを振り返り,

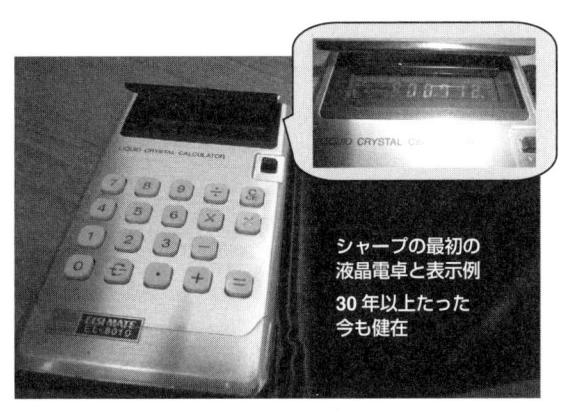

図 4.1 動的散乱モードを用いたシャープの最初の電卓表示

ハイルマイヤーは"振り返ってみると、すべてのことをうまく運ぶ上でカギだったのは、有機化学者と電気技術者が相互に尊敬しあう雰囲気の中で、協働する能力をもっていたということである。我々は自分の専門領域以外については、おろかだと思われるのをまったく恐れなかった"と述べています.

ハイルマイヤーは数年の間に5種類の電気光学効果を見つけています. RCAの名誉副社長に"どのようにしてこんなに多く、また、これまで知られていなかった重要な電気光学効果を発見できたのか"と尋ねられ、"つまずいた結果ですよ"と答えました. それに対する副社長の返答は"しかし、前進していたからこそつまずいたんだろうね"というものでした.

RCA の撤退とヨーロッパ, 日本の動向

RCA は 1968 年になって、ようやく液晶ディスプレイをプレス発表しますが、翌年にはチームを縮小しました. チームは液晶腕時計にターゲットを変えますが、事業部の反対にあってそれを断念しました. 当時、テレビなどを作っていた RCA という大企業にとって、腕時計や計算器は目標が小さすぎたのです.

1970年、ハイルマイヤーは退社しました. 彼はその後、2度と液晶の研究に携わることはありませんでした. しかし、彼の残した最初の液晶ディスプレイ開発の業績により、2005 年、京都賞を受賞しています. 彼の後にディスプレイグループに加わったヘルフリッヒもこのグループに所属することわずかで、スイスのロッシュに移っていきました.

そのころヨーロッパでは基礎研究が立ち直り、企業でも応用研究がスタートしました. RCA からロッシュに移ったヘルフリッヒは、ここでシャットと出会い、2.2 節で紹介した TN モードを開発し、

腕時計用の液晶ディスプレイを供給することになります．この液晶ディスプレイモードとともにヨーロッパでの液晶の応用研究に重要な出来事は，1.4節で述べたシアノビフェニルの合成と，メルク社による液晶材料の開発です．

液晶ディスプレイの応用は，1970年代を通して腕時計と電卓にとどまっていました．一時は，アメリカで多くの企業がこれらの生産に参入していました．ところが，すぐに競争激化による価格低下で，参入企業が激減していきました．

日本でも企業で開発研究が始まり，腕時計，電卓などの事業への参入が始まりました．このころの価格低下の様子を示すデータとして，今では子供のおもちゃでしかない時間，分，秒の表示機能のみの液晶表示つきの腕時計が1973年には138 000円でした．価格はどんどん下がり，1979年に腕時計用の液晶パネルが2ドルだったものが，1981年にはわずか20セントになったのです．

4.2 液晶ディスプレイ小史（2）
—日本の台頭，そして韓国，台湾に

日本での液晶研究は，RCAの発表以前はほぼ皆無でした．このころの液晶研究はほとんどが企業において行われ，大学においても応用を目指した研究が主体でした．いずれにしても，ほぼ皆無だった日本の液晶研究者の数はわずか5年ほどの間に，イギリス，フランス，ドイツなどのヨーロッパ諸国の研究者数を超えるまでになったのです．このようにして，アメリカにほとんど後れをとることなく，電卓，腕時計の発売に乗り出した日本は，完成度の高い製品でシェアを広げていきました．

時計からモニター表示へ

生産量が増加するにつれて、価格が急落しました。カシオのデジタル腕時計を見てみるとその様子が分かります。1975年には3万円で100万個の生産だったものが、1980年には4000円で1500万個が生産されました。

1970年の末にはセグメント表示だけではなく、ドットマトリクス表示をもつ製品が発売されました。このころから技術者は、テレビやコンピュータ表示などの大型の本格的な応用を目指していました。実際、1970年代の終わり頃には各社で、単純マトリックス型の液晶テレビが試作されていました。

しかし、情報表示量が多くなるにつれて、予想された、あるいは予想もされなかった多くの問題が明らかになってきました。その一つが2.7節で述べたクロストークの問題でした。それを解決したのが、2.7節で紹介したSTN型です。しかし、STNとても、何百行もの時分割駆動に対応できませんでした。1980年代に入ると、アモルファスシリコンのTFT (Thin Film Transistor) を搭載したアクティブ型液晶ディスプレイが続々と登場し、液晶ビジネスの世界は日本の独壇場になっていきました。そして、1985年頃からは多くの企業から液晶カラーテレビの発売も始まりました。

アクティブ型の急成長

とはいっても、アクティブ型のカラーテレビがいきなり液晶ディスプレイの主力製品になったわけではありません。液晶ディスプレイの市場を拡大したのは、なんといってもノートパソコンとコンピュータのモニター用ディスプレイです。ですから、1970年代は電卓や腕時計を中心としたセグメント表示の時代、1980年代は小型携帯情報機器のためのSTN型を用いたパッシブ型の単純マトリク

ス表示の時代，1990年代はパソコン用モニターのためのアクティブマトリクス型表示の時代，2000年代はアクティブを用いながらテレビなどの大型化，携帯端末などの高精細化の時代といえるでしょう．この間，**マーケットは指数関数的に増加を続け，数兆円の産業に成長**しました．この期間の液晶ディスプレイ産業の発展の様子を図 4.2 に示しておきます．

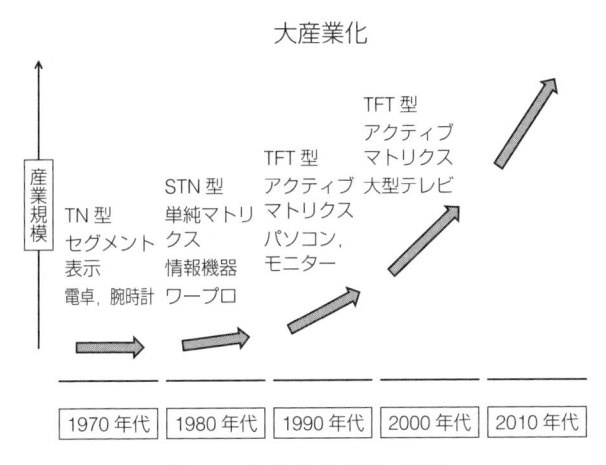

大産業化

図 4.2 液晶産業発展の様子

日本における液晶ディスプレイ産業の成長をはるかにしのぐのが韓国，台湾のメーカーです．例えば，1990年代に入ってから液晶ディスプレイ事業に参入したサムソン電子は，2000年代にはトップメーカーに成長しました．液晶産業は韓国ばかりではなく，台湾，中国にも拡大しています．数年前から，液晶ディスプレイのトップシェアは韓国の 2 社と台湾の 2 社が占め，日本ではシャープの 5 位が最高です．もっとも，このような順位は年を追って変化していま

すので，来年や5年後にはどうなっているか分かりません．

4.3 液晶ディスプレイを支える技術 (1)
―液晶パネル作製技術

現在の大型液晶ディスプレイは多くの技術によって支えられています．これらの技術について説明しましょう．現在のほとんどの液晶パネルにはTFTが使われています．まず，このTFTの作製プロセスをご紹介しましょう．

TFTの機能と作製技術

2.8節でアクティブマトリクス方式の液晶ディスプレイに使われるTFTはスイッチの役割をするといいましたが，あまり詳しい説明はしませんでした．ここではまず，TFTの構造と機能を説明し，その後，その製造工程を説明することにしましょう．

TFTの断面を図4.3に示します．電極や絶縁膜の多層膜からできています．電極はソース電極，ドレイン電極，ゲート電極の三つがあります．一般には，アモルファスシリコンが使われる半導体層が電流の流れるスイッチの心臓部です．ソース線（2.8節参照）から

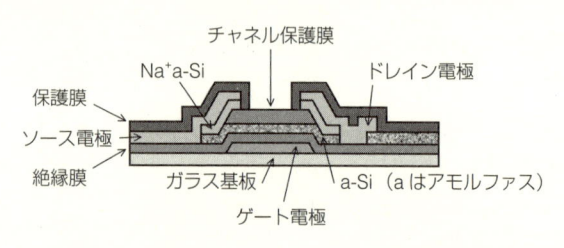

図4.3 薄膜トランジスタ (TFT) の断面構造

ソース電極に信号電圧が供給されます．スイッチのオン，オフは，ゲート電極が高電位にあるか，低電位にあるかで決まります．それに従って，ドレイン電極を介して画素電極（液晶に電圧を加える透明電極）に信号電圧が供給されます．

　液晶は電気を流しませんので，透明電極にはさまれた液晶はコンデンサの役割をします．このコンデンサに電圧が加えられると，コンデンサが放電しない限り，その電圧が蓄え続けられることになります．これが一つのTFTに対して起っていることですが，2.8節で述べたように，ソース線から一度に入ってきた信号がゲート線を順に走査することによって，線順次で全画面の書き換えが行われるわけです．

　先に半導体層がTFTの心臓部だといいましたが，半導体はどのような役割をしているのでしょう．ソース電極から信号が入り，ゲート電極が高電位になったときを考えましょう．すると，半導体は電気を流しますから，ゲート近くに電子が引き寄せられます．このときにソースとドレインに電位差があると，電子の流れが起こり，同じ電位になるまで電流が流れます．図4.4に示したように，ゲート電極という器に電子という水がたまっているとき，ソースとドレインに電位差があると，器を傾けると水が片側に流れるように，ドレインに電流が流し込まれ，液晶というコンデンサに電圧が印加されます．

TFTの製造プロセス

　TFTの構造と役割が分かったところで，TFTの製造工程の説明に移りましょう．図4.3で見たとおり，TFTはとても複雑な多層膜構造をしています．しかも，一つの大きさは数ミクロン（1/1 000 mm）です．こんな構造を数百万個，一つの不良品もなく作りつけ

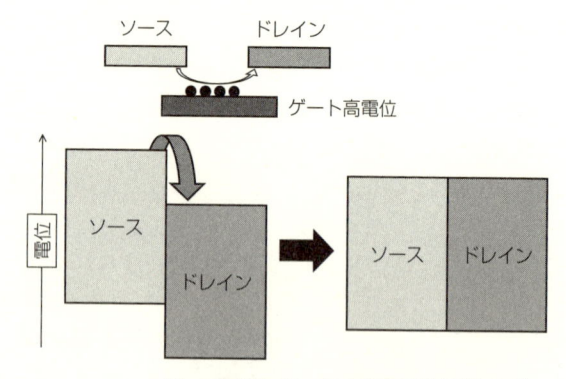

第4章　まだまだ進化する液晶ディスプレイ

ソース電極とドレイン電極に電位差があれば，それが等しくなるまで電流が流れる

図4.4　薄膜トランジスタ（TFT）の仕組み

レジスト材料を使った長い過程の末にできるのはたった一層の金属パターン

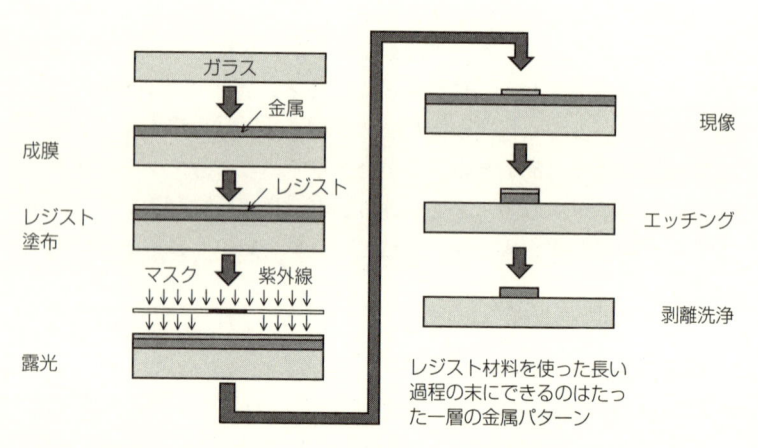

図4.5　光リソグラフィー技術を用いた薄膜形成プロセス

なければ液晶ディスプレイはできないのです．そして，それには光リソグラフィー技術と真空製膜技術が使われます．

　光リソグラフィー技術をまず説明しましょう．図4.5は一つの電極パターン（例えば基板上のベース電極）を作る工程を示しています．まず，最終的に残したい膜（ここでは金属）を成膜します．成膜にはプラズマCVD（chemical vapor deposition）やスパッタと呼ばれる真空薄膜形成技術が使われます．その上からレジストと呼ばれる高分子を塗布します．

　レジスト膜は紫外線照射によって，分解する高分子でできています．レジストにマスクをして紫外線照射したものを現像液に浸して紫外線照射によって分解した高分子を取り去ります．次に，これをエッチング液に浸して，前の過程で残ったレジスト（高分子膜）で保護されていない部分の金属を取り去ります．最後に，レジストを剥離液に浸して取り去った後，洗浄し，所望の金属パターンが完成します．

　この気の遠くなるような一連の過程でできるのは，たった一層の金属パターンです．しかもこの工程中の熱処理，洗浄，最終的な帯電除去など，すべての過程を完璧に行わないと，TFTの不良につながってしまいます．

　TFTアレイを作りつけるためには，このような**薄膜製造過程を複数回繰り返す必要があります**．表面の清浄性を保つために，このような一連の工程はすべて真空槽の中で，一度も取り出すことなく行います．その後，検査工程を経て，液晶パネルの製造工程へと移行していきます．

4.4 液晶ディスプレイを支える技術(2)
―その他の周辺技術

高分子材料

　液晶ディスプレイを完成させるには,その他いろいろな部材が必要です.液晶を配向させるための配向膜は水平配向,垂直配向,プレチルト角の大きさなど,様々な要求から多数の材料が提供されています.基本はポリイミドです.熱にも化学的にも安定なすぐれた高分子材料です.

　偏光板の性能は,直接コントラスト比に影響するため非常に重要です.もっとも広く用いられている偏光板は,ヨウ素を含んだ高分子(通常はポリビニルアルコール)を延伸したものです.この技術は1930年代に開発され,いまだに詳細は解明されていないものの,フィルム化できるもっともすぐれた偏光板で,最近では消光比数万に達するものも提供されています.すなわち,偏光板を平行にしたときに出てくる光を1とすると,垂直にしたとき,漏れてくる光はその数万分の1だということです.

バックライト

　液晶は低消費電力といわれています.その電力の半分以上がバックライトによって使われています.ですから,効率よいバックライトシステムを作ることは,更に液晶ディスプレイの消費電力を下げるために非常に有効です.いわゆるエッジ型といわれるバックライトシステムの構造を図4.6(a)に示します.

　これは,光源である冷陰極管,導光板,反射シートなどからできています.要求されることは,①光の利用効率を上げること,②液晶パネルに入る光強度の一様性,③薄膜化です.①の目的のために,

4.4 液晶ディスプレイを支える技術 (2)

透過型の偏光板，プリズムシート，拡散板などを使用し，光の利用効率を上げます．平面状の光源が使われているわけではないので，②の目的のために，ランプに近いところも遠いところも同じ強度の光が出てくるように設計されています．拡散板はこのためにも役立っています．③は，更に薄膜化を目指す液晶ディスプレイにとって重要な課題です．

しかし，液晶テレビなど液晶ディスプレイの大型化が進むと，上記のようなエッジ型の光源では当然，画面全体を明るくすることはできません．このため，大型画面には図 4.6(b) に示すような直下型の光源が使われています．蛍光管を 10 ～ 20 本程度並べ，その上に拡散板を配したものです．もちろん，その分，ディスプレイの厚さが厚くなり，有機 EL のような自発光型の薄型ディスプレイとの競争では不利になるところです．

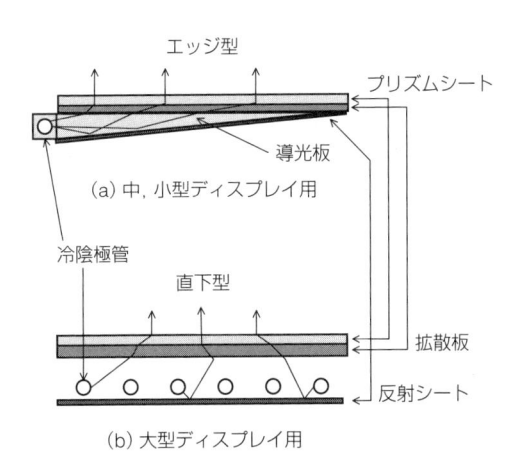

図 4.6 バックライトシステムの構造

カラーフィルター

　液晶ディスプレイのカラー化には，カラーフィルターが使われています．したがって，蛍光体は白色である必要はなく，カラーフィルターの透過率に合わせた，赤，緑，青の蛍光であるほうが好ましいことはいうまでもありません．この3原色以外の波長の光はカラーフィルターによって遮断され無駄になるので，消費電力の観点からは好ましくありません．したがって，液晶ディスプレイの光源用の蛍光管には，そのような目的に沿って蛍光体が選択されています．

　最近の小型の液晶ディスプレイでは，蛍光管に代わってLED（発光ダイオード）が使われる場合があります．まだまだ輝度に問題はありますが，色純度がよいため，カラー画像の再現性がよいという特徴があります．今後，更に使用が進んでいく技術です．

　カラーフィルターは色特性を決める重要な部材です．耐熱性，耐光性，耐薬品性などの観点から有機顔料が用いられています．製法としてはTFT製造プロセスと同様な光リソグラフィー法が通常用いられていますが，エッチング法，インクジェット法，印刷法なども用いられます．光リソグラフィーの場合，図4.7のように3色のフィルターを順々につけていきます．

4.5　液晶ディスプレイを支える技術（3）
―パネル化技術

　これまで述べてきた技術でTFT基板が作られ，カラーフィルター基板ができます．これらを数ミクロンのすき間を介して重ね合わせ，その中に液晶を入れれば液晶パネルのでき上がりです．液晶パネル製造プロセスの最後に，この工程を説明しておきましょう．

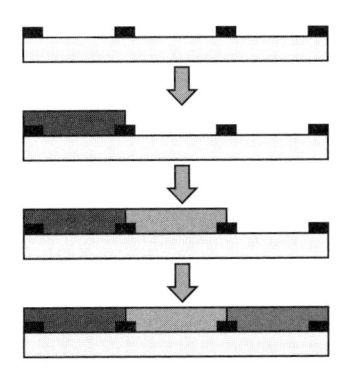

カラーフィルターも光リソグラフィー技術で作る

図 4.7 カラーフィルター基板の作製プロセス

マザーガラスを大きく

最初におはなししておかなければならないのがガラスのサイズです．工程の最初に投入されるガラスを**マザーガラス**といいます．12インチ程度のディスプレイが主流だった1995年ごろには，製造工程で使われるマザーガラスのサイズは 30 cm × 40 cm でした．これだと 12.1 インチが 1 枚，11.3 インチや 10.4 インチであれば 2 枚，8.4 インチなら 4 枚とることができました．これを第 1 世代とし，元々は面積が倍になるごとに次の世代とされてきましたが，この定義は今では曖昧です．毎年のように建設される工場で大型化が進み，第 6 世代では 1.5 m × 1.8 m で，37 インチのテレビなら 6 枚が取れます（図 4.8）．更に，現在の第 8 世代では 2.2 m × 2.4 m，近い将来には一辺が 3 m を超えるようなガラスが使われると予想されています．

100 インチに迫るような液晶テレビの生産を見すえてということ

もありますが，マザーガラスのサイズを大きくすればするほど，1枚のガラスから取れる基板の数が多くなりますので，コストの面では有利になるというのがその理由です．しかし，問題がないわけではありません．

まず，ガラス製造企業からの搬送の問題があります．ガラスは大きい割には，非常に薄いのです．携帯用，ノートパソコン用，大型テレビ用などによっても違いますが，0.5〜0.7 mm 程度の厚さのガラスが使われています．ガラスは壊れやすいだけではなく，わずかなほこりの付着や傷も許されません．もちろん，このようなガラスの梱包や液晶ディスプレイ工場での開封作業には，ロボットが使われます．しかし，ガラスが大きくなるとロボットもそれに対応するものでなくてはなりません．このような問題を少しでも解決するために，大きな液晶ディスプレイ工場にはガラス工場が隣接するよ

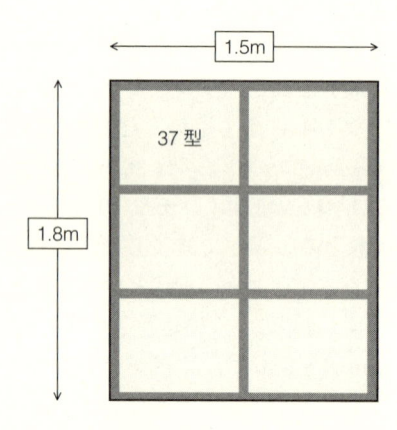

一度にたくさん作るためには
マザーガラスを大きくする

図 4.8 第6世代マザーガラス基板

うになってきています．

大きなマザーガラスは周辺も大変

ガラスが大きくなって影響を受けるものはまだまだあります．4.3節で述べたパネル作製工程には真空槽を使います．2 mを超える大きなガラス用に大きな真空槽が必要になります．このように，**周辺材料，周辺作製装置などすべての部材を大型化する必要があり**ます．工場内での搬送も容易ではありません．2 mを超える厚さ0.7 mmの板の搬送がどれだけ大変であるか考えてみてください．

さて，このようなガラスにTFTを付けた基板と，カラーフィルターを付けた基板の両方にポリイミドを印刷し，ラビング配向処理を施します．ラビング処理後は表面に付着した布の毛を取り去るために洗浄したり，静電気の除去処理などをしたりします．その後，導電部のための導電ペーストや，液晶をシールするシール材などをつけ，2枚の基板を重ねることになります．ガラス基板の重ね合わせは，当然，非常に精度よく行う必要があり，1ミクロン以下の位置の精度が必要です．

パネル組み，液晶注入

2枚の基板間距離を均一にすることは，画像のムラをなくすために重要です．そのためには，粒系の均一なプラスチックビーズを散布する方法や，基板に均一な柱を周期的に作りつけておく方法があります．貼り付けた後は，圧力をかけてシール部を加熱硬化させます．

以前は，このような2種類の基板を重ね合わせ，貼り合わせた後に液晶を真空注入していました．真空注入とは基板間を真空にして，注入口から液晶を大気圧で注入する方法です（図4.9）．しかし，薄

い大きな空間に液晶を注入するのに非常に長い時間がかかり,これが生産の工程を遅らせコスト高につながっていました.最近では2枚の基板を貼り合わせる前に,1枚の基板上に液晶滴を規則的に適量並べておいて,もう一方の基板を重ねて貼り合わせるという方法に変わりました.これで大きな時間の短縮とコストの削減が達成されました.

パネルはここで適当なサイズに切断され,偏光板が張り付けられます.この後,バックライト,フレーム,ドライバーなどが装着され,モジュールの組立てが終わり,検査工程へと移行します.

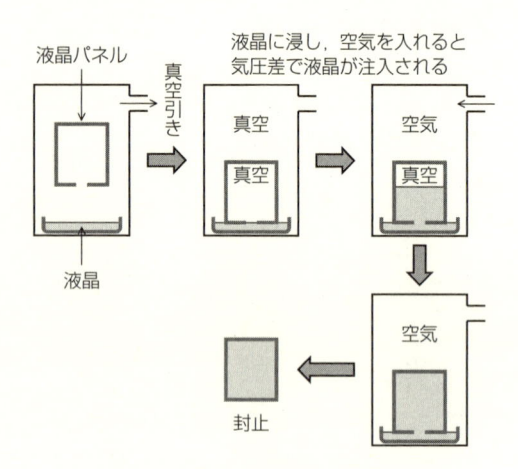

図 4.9 液晶の真空注入プロセス

4.6 液晶ディスプレイの抱える問題とその解決に向けて(1)
―視野角の改善

液晶ディスプレイはこのようにほとんど完成の域に達しました

4.6 液晶ディスプレイの抱える問題とその解決に向けて (1)

が、テレビになるまでには多くの問題を解決しなければなりませんでした。ここでその過程を少しご説明しましょう。

なぜ液晶ディスプレイは横から見にくかったか

液晶ディスプレイの大きな問題の一つが"液晶ディスプレイは横からは見にくい"ということでした。小さなディスプレイを一人で見る場合にはあまり大きくなかったこの問題も、大型テレビのように、多くの人が様々な角度から見るような環境では避けることのできない問題です。液晶ディスプレイは例えばTN型で、何も対策を施さなければ明暗や色の反転が生じてしまいます。これが解決しなければならない第一の問題でした。

まず、なぜ画像が見る角度によって変化するのかを説明しておきます。ずっとテレビの主流だったブラウン管やプラズマテレビ、最近話題の有機EL (OLED：organic light emitting diode) など、これまでのディスプレイのほとんどは自発光型です。それにひきかえ、液晶ディスプレイは非発光型で、バックライトの光を微小な液晶シャッターで開閉して表示していることはすでに述べたとおりです。視角依存性はシャッターの構造によるに違いありません。

TN型表示素子の原理を思い出して下さい。2.2節ではシャッターの閉じた状態と、完全に開いた状態のみを説明しました。寝ている分子が電場によって立ち上がるのでしたね。ここでは分子が半分ほど立ち上がった状態を考えましょう。この状態を図4.10に示します。これを左右斜め方向から見てみましょう。左から見たときには分子の長手方向がよく見えます。このときには、直交する偏光子の間にはさんでみると大きな異方性を感じ、明るく見えます。右から見たときにはどうでしょう。このときには、分子の長軸に沿って見ることになります。ですから、右上から見ると異方性を感じず、暗

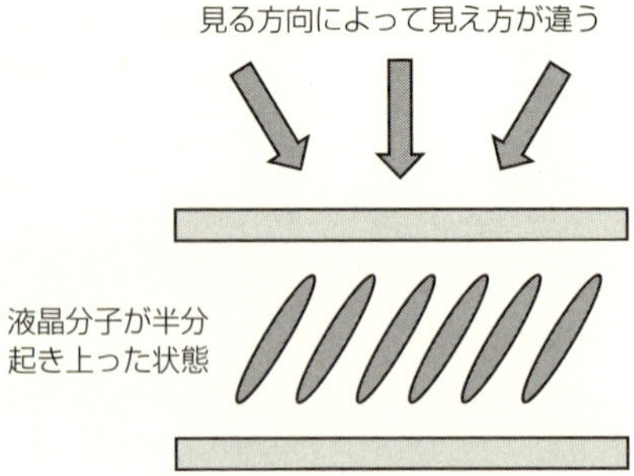

図 4.10 視野角特性の説明.

い状態になります．これが見る方向によって明暗が変化する理由です．

では，高視野角化はどのような方法で達成されたのでしょうか．方法は大きく分けて三つあります．①新しいディスプレイモードの開発，②画素分割法，③補償膜の使用です．これらについて順番に説明しましょう．

新しいディスプレイモードの提案

視角依存性のある原因が分子の立ち上がることにあるのなら，分子が立ち上がらなければいいはずです．すでに 2.6 節で説明した IP 型です．この方式だと，分子は基板平面内（inplane：IP）で長軸の方向を回転させるだけですから，視角依存性に対する大きな問題はありません．5.2 節で述べる強誘電性液晶ディスプレイや，5.4 節で述べる反強誘電性液晶も，基本的には基板平面内でのスイッチングです．これらが視角依存性を抑えたディスプレイモードの例です．

4.6 液晶ディスプレイの抱える問題とその解決に向けて (1)　113

画素分割法

画素分割法について説明しましょう．基本は，図4.10では右側が立ち上がっているので，左側が立ち上がる画素を作り，平均化してしまおうということです．まず，どちら側から立ち上がるかをどのように制御するかをおはなししましょう．このためには2.5節ですでにおはなししたプレチルトを用います．

図4.11を見て下さい．簡単のためにここではTN型ではなく，水平配向から電場印加で垂直配向に移行する過程を考えます．両界面でのプレチルトを制御することによって，右の領域では右側から立ち上がり，左の領域では左から立ち上がるようにしておきます．図には途中まで立ち上がった状態を示しています．これを右上から見たとき，**右の領域と左の領域の異方性が平均化**されます．左上から見たときも同じです．このようにすれば，どの方向から見ても平均化によって視角依存性がなくなります．

VA型の場合も基本は同じです．立っている分子をどちら側に倒すかを制御する方法は二つあります．一つはプレチルトのような考

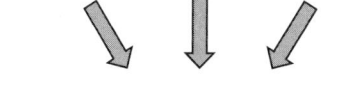

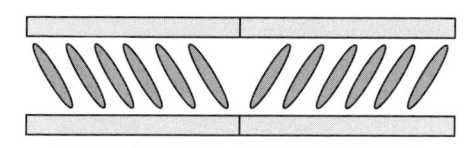

画素を2分割すれば，見え方が平均化される

図4.11　視覚特性改善のための画素分割法の説明

え方です．リブ型といって，基板表面に図 4.12 のような突起（リブ）を作りつけます．リブの部分を含めて垂直配向処理が施してありますので，電場を印加しないときに，すでにプレチルトのある垂直配向をしています．ですから電場を印加すると，右側，左側の領域で，**分子は逆方向に回転**し始めます．このようにして，図 4.11 のときと同様な平均化処理が起こり，視野角特性が改善されます．

倒す方向の制御法のもう一つは，電極のパターニングによる方法で，斜め電界法と呼ばれます．図 4.13 のようにリブ構造をつける代わりに電極に工夫をします．そうすると，電極のない部分（ギャップ）では電場が斜め方向にかかります．ですから，左右の領域で分子の回転方向を逆回りにすることができるのです．

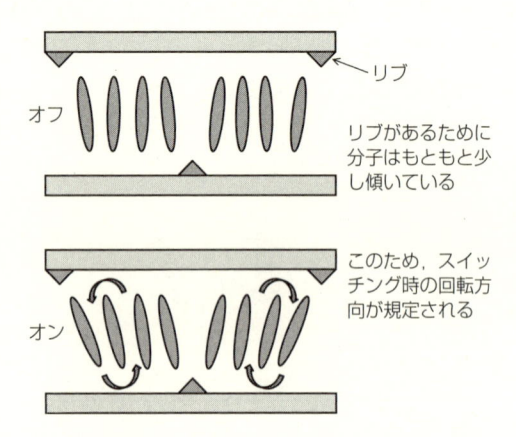

図 4.12　VA 型ディスプレイのリブ構造を用いた画素分割法

視野角拡大フィルム

視野角改善の最後の方法が視野角拡大フィルムの使用です．視野角拡大フィルムは実は，位相差フィルム，複屈折性をもったフィル

4.6 液晶ディスプレイの抱える問題とその解決に向けて (1) 115

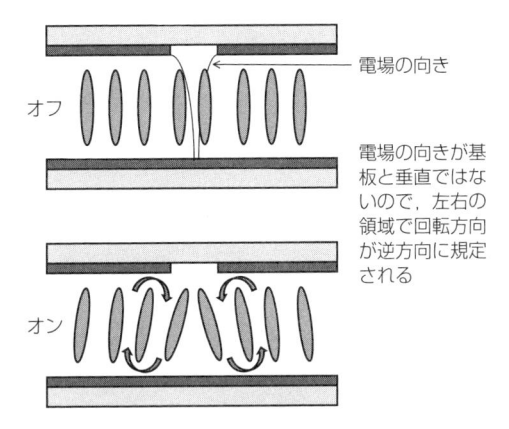

図 4.13 VA 型ディスプレイの電極構造を用いた画素分割法

ムです．実は位相差フィルムは，2.7 節で述べた STN 型ですでに用いられています．STN 型では複屈折による色づきが問題でした．何もしないと青や黄色の表示になってしまいます．この色を補償するために位相差フィルムが用いられていました．また，STN 型では色の補償のために 2 枚の STN 構造を重ね合わせたディスプレイも開発，発売されました．その他の液晶の視野角拡大のために用いられた位相差フィルムも，基本原理は同じです．

富士写真フィルムは円板状液晶のハイブリッド構造を高分子化し，図 4.14 のような位相差フィルムを作りました．液晶ディスプレイの中身の液晶分子が棒状なのに対して，位相差フィルムには円板状のディスコチック液晶が使われているのがみそです．異方性の違う二つの液晶を用いて，**光学的異方性を補償し，視野角依存性をなくそう**というのがその考え方です．このフィルムは現在，多くの液晶ディスプレイに採用され，視野角改善に一役買っています．

この節では液晶ディスプレイの問題点といわれた視野角特性を改

善するための様々な試みについて紹介しました．実用的には，これらのうちのどれかが用いられているわけではなく，最高の性能を上げるために，これらの技術を併用していることを最後に注意しておきましょう．

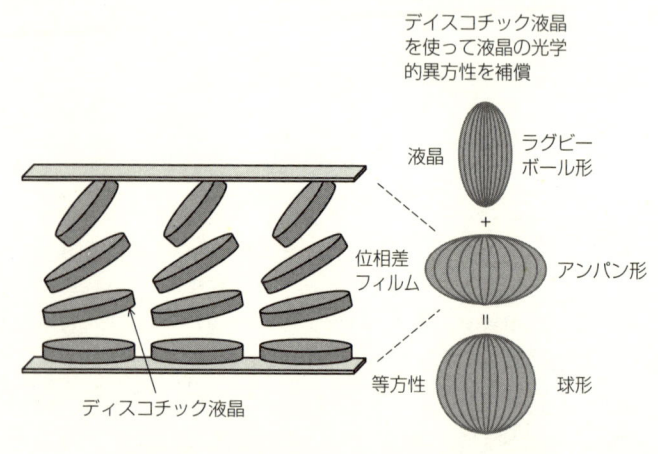

図 4.14 視野角拡大フィルムの構造と原理

4.7 液晶ディスプレイの抱える問題とその解決に向けて（2）
　—応答速度とコントラスト比の改善

　液晶ディスプレイのもう一つの大きな問題は応答速度です．これも視野角特性同様，液晶ディスプレイと競合する他のモードでは問題にならない，液晶ディスプレイ特有の問題です．液晶ディスプレイは自発光型ではなく，分子集団の配向変化を用いるために避けては通れない問題です．

高いパルス電圧印加

これまでご紹介したネマチック液晶を用いたディスプレイの場合，応答速度はせいぜい数ミリ秒です．この応答速度を実現するためには普通の駆動方式を用いていてはできません．中間的な明るさを出すには比較的低い電圧をかけることになります．電圧が低いと応答速度も遅いので，まず，高いパルス状の電圧をかけてから，所望の電圧に低下させるという方式が用いられています．図 4.15(a) で，レベル 1, 2, 3 の明るさにするにはそれに見合った高い電圧が必要です．ところが電圧が低いほど応答速度が遅いので，中間色を表示する時間が余計にかかってしまいます．これを解決するために図 4.15(b) のように，**まず，レベル 3 と同じ電圧をかけ，その後，レベル 2 の電圧に戻す**という方法を使うと，図のように応答が速くなることが分かります．

(a) かける電圧が低いほど応答が遅い

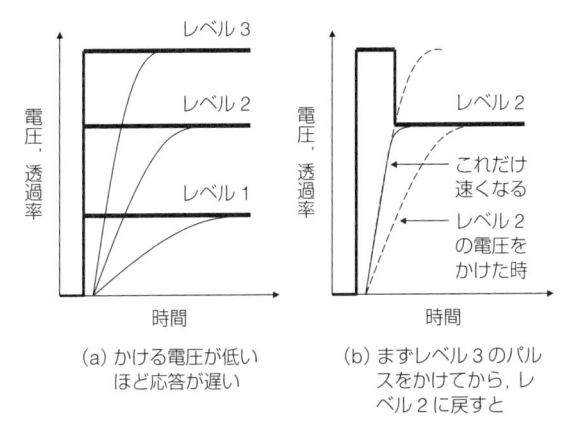

(b) まずレベル 3 のパルスをかけてから，レベル 2 に戻すと

図 4.15 高電圧パルス印加による中間調応答速度の改善

応答速度の速いモード

基本的に応答速度の速い方式も試みられています．OCB（optically compensated bend）型と呼ばれているモードがその一つです．OC は光学的に補償されたという意味です．図 4.16 に示すように，4.6 節の画素分割が，OCB 型の場合にはセルの上下でなされています．すなわち，図 4.11 では左右の画素で分子はそれぞれ左と右に傾いていますが，図 4.16 では上下の分子がそれぞれ右と左に傾いています．ですから，この方式はそれ自身，広視野角の特性をもっています．このディスプレイの特徴は高速応答性にあります．電場オフの曲げ（bend）変形から電場印加による垂直配向状態へ数ミリ秒で応答します．**通常のネマチックのディスプレイに比較すると 1 桁近く応答速度が速い**といえます．

高速応答を示すもう一つの例が，5.2 節，5.4 節で述べる強誘電性液晶，反強誘電性液晶を用いたディスプレイです．詳細は第 5 章で

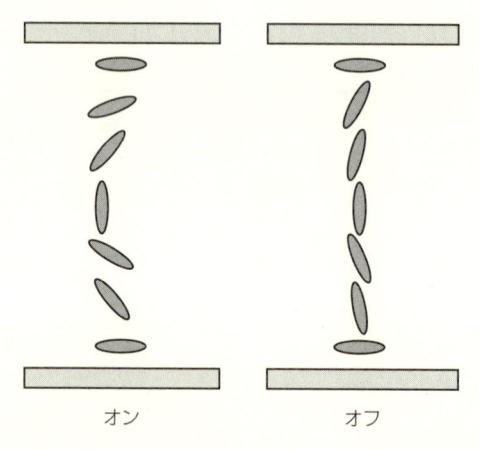

図 4.16 OCB 型ディスプレイのオン・オフ状態の分子配列構造

述べますが,応答速度はネマチック液晶より数百倍ほど速いのが特徴です.応答速度の大きな差は,電場との相互作用の違いに起因しています.

60 Hz というビデオ信号を考えたとき,1 ミリ秒というのはなんとか達成したい応答特性です.しかし,これまで見てきたように,ネマチック液晶でこの限界を超えることは容易ではありません.一度は撤退を余儀なくされた,強誘電性液晶や反強誘電性液晶を用いたディスプレイを見直したり,全く新しい高速モードを開発したり,液晶ディスプレイの進化は続きます.

コントラスト比

他の薄膜ディスプレイと比べたとき,液晶ディスプレイがもつ問題点がもう一つあります.コントラスト比という問題です.コントラスト比とは,もっとも明るい状態ともっとも暗い状態の比です.自発光型のディスプレイの場合,オン状態は発光状態,オフ状態は非発光状態ですから,少なくとも真っ暗な室内で見た場合のコントラスト比は無限大です.液晶ディスプレイの場合の暗状態は液晶シャッターを閉じた状態です.しかし,機械的なシャッターと違い,どうしても光がもれてきてしまいます.このことは偏光板が理想的な,すなわち偏光板の透過軸を直交したときに完全に光を遮断できる場合でも光漏れは起こります.現在では,コントラスト比が数千対 1 くらいは達成できています.

現実問題として,コンピュータを使ったり,テレビを見たりするのは明るい室内です.したがって,自発光型であっても室内光のディスプレイ面からの反射などがあり,高いコントラスト比が達成できるわけではないので,1 000 対 1 程度の液晶のコントラスト比でもそれほど問題になるわけではないと思います.しかし,暗い部屋

で映画を楽しもうとする場合，暗い場面が完全に暗くならないのは問題だという人もいます．このために，コントラスト比の改善も依然として続けられています．

4.8 液晶ディスプレイの抱える問題とその解決に向けて（3）
―液晶材料の進展

これまで述べてきたように，ディスプレイの性能を決定する要因には液晶周辺の部材，ドライブの方式など様々なものがあります．しかし，一番肝心なのは液晶材料の改善です．液晶の温度範囲が広いことはもちろんです．というのも，車のカーナビのような過酷な条件で液晶状態を保っていなければならないからです．また，温度の変化によって，屈折率や粘度など様々な物性定数が大きく変化しては困ります．

例えば，応答性の速い液晶のためにはなるべく弾性定数（3.1節参照）が大きく，電気的異方性（3.2節参照）が大きく，粘性の低い液晶を開発する必要があります．薄膜トランジスタを使って，液晶が電圧を保持できるのは液晶の純度が極限的に高く，比抵抗が非常に高いからです．また，光学異方性（3.5節参照）を，用いるディスプレイモードの種類によって最適化することも重要です．しかし，これら様々な性質を一つの液晶化合物で達成することは不可能です．したがって，ディスプレイには，通常，何十という化合物の混合物が用いられています．これには気の遠くなるような努力が必要です．

化合物の設計，合成に際しては，どのような液晶ディスプレイモードに用いるかということを考えながら進める必要があります．電気的異方性が正であるか，負であるかはそのもっとも基本的なもの

4.9 液晶ディスプレイのさらなる高画質化に向けて
―高速化と高精細化

夢のディスプレイは？

現在，大型の液晶テレビが家庭で楽しめるようになりました．図 4.17 は数年前に東京工業大学の全学講義で液晶の話をしたあと，学生 250 人のアンケートをとったものです．"あなたにとって夢のディスプレイはどんなものですか"というのが質問で，複数回答を許しています．図 4.17 は回答を，高機能性を横軸に，ユビキタス性を縦軸にとってまとめたものです[*]．**ユビキタスとはラテン語で**

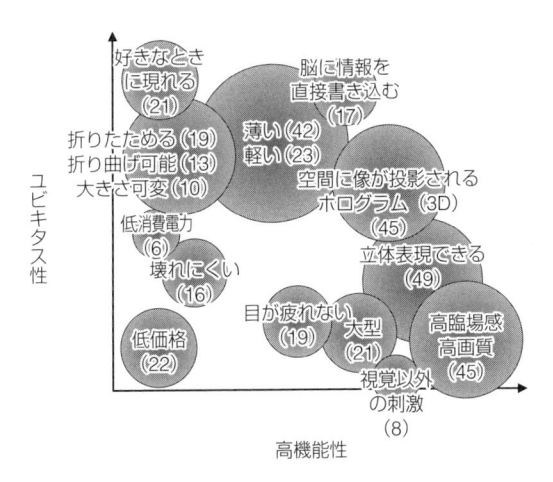

図 4.17 東工大生 250 人のアンケートによる夢のディスプレイ

---

[*] 岡部将人氏による．

"同時に至るところにある，遍在する"という意味で，例えばユビキタスコンピューティングなら"いつでもどこでも簡単にコンピュータを利用できる環境"を意味します．

　低価格，大型，薄い，軽いなど，今ではかなり当たり前になっている項目以外に，まだまだ今後の課題となっているものもたくさんあります．具体的な言葉としては表れていませんが，高画質の中には高速で高精細という意味合いが含まれています．では，ここから話を進めましょう．

高速・高精細

　高速，高精細の両方に関係している技術が，**フィールドシーケンシャルカラー方式**といわれる技術です．この方法はカラーフィルターを必要とせず，3原色の光源を繰り返し用いる方式です．図4.18に示したように，**赤，緑，青の3色が順々に点滅し，赤い像，緑**

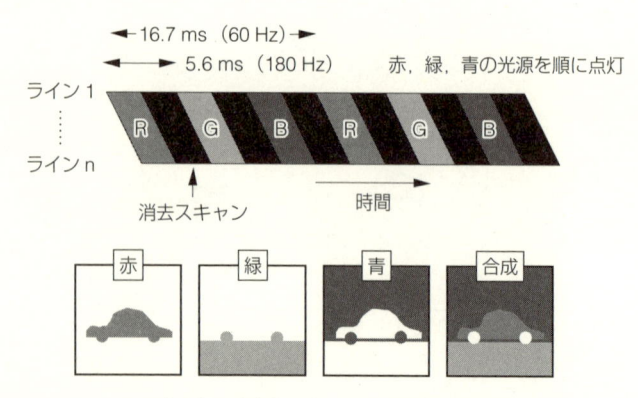

図4.18　フィールドシーケンシャル方式によるディスプレイ原理

4.9 液晶ディスプレイのさらなる高画質化に向けて

の像，青の像を順番に表示します．それを人間は目の中で重ねて見ますから，通常のカラー画像として認識するのです．ここでも液晶は単なるシャッターですが，普通の液晶ディスプレイと違う点は，3色のカラーフィルターのついた三つのシャッターで一つの画素を形成するのではなく，すべてのシャッターを使って3色それぞれの画像を形成するところです．ですから，精細度（像の細かさの精度）は同じ数の液晶シャッターを用いても3倍になります．

でもこの方式を用いて動画を表示するためには，液晶シャッターの速度は3倍速くなければなりません．2.8節の議論を思い出していただければ分かりますが，1枚の絵を出すのに割り当てられる時間は1/60秒です．カラーフィルターを用いた通常の液晶ディスプレイでは，この間に1枚のカラーイメージがかければいいのですが，フィールドシーケンシャルカラー方式では，まず最初の1/180秒間に赤い像を，次の1/180秒間に緑の像を，また次の1/180秒間に青い像を表示し合わせて1/60秒間で1枚のカラー画像を表示するわけです．ですから，単純に考えても通常の液晶ディスプレイの3倍の応答速度が必要になります．さらに，動画表示画質をあげるために黒（シャッターが閉じた状態，または光源がついていない状態）をはさんだりするので，要求される応答速度はもっと速くなります．このためには少なくとも4.7節で述べたOCB型，できれば5.2節，5.4節で述べる強誘電性液晶や反強誘電性液晶を用いたディスプレイが必要となります．

ホールド型とインパルス型

黒をはさむと動画表示性能がよくなるといいました．これは実は他の自発光型のディスプレイがお手本です．旧来のテレビの画面であるブラウン管は赤，緑，青を出す蛍光体に電子を当て，発光させ

ます．プラズマディスプレイ（図 4.19）でもプラズマ状態から作り出された紫外放電光を蛍光体にあててカラー表示を実現します．いずれも点滅しながら光が出てくるようになっていて，液晶表示のようにシャッターが開いている間，連続的に光が出てくるわけではありません．前者をインパルス方式，後者をホールド方式と呼びます．

旧来の液晶ディスプレイで使っているホールド方式ではいくらシャッターの応答を早くしても，インパルス方式のような切れのいい動画が得られません．この意味からも，フィールドシーケンシャルカラー方式でパルス状に光が出るようにすることが必要なのです．最近の液晶ディスプレイではフィールドシーケンシャルではありませんが，駆動周波数を 120 Hz にして，インパルス方式に近づけるような工夫がされています．このような工夫によって動画の質も大きく改善されたのです．

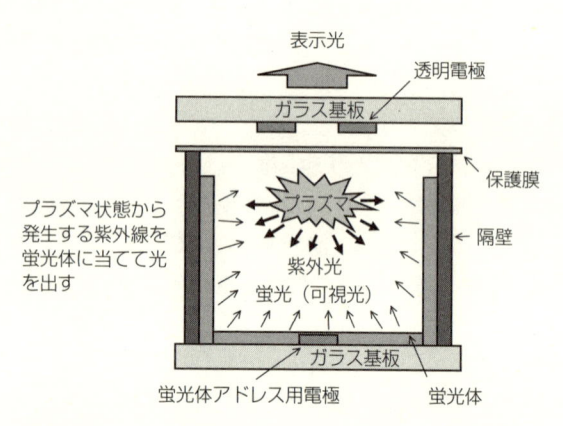

図 4.19 プラズマディスプレイ（PDP）の表示原理

4.10 立体画像ディスプレイへ向けて

図 4.17 に戻りましょう．高機能性の大きな部分を占めるのが立体映像です．ここでは，立体映像の現状をおはなししましょう．立体映像が必要な場面として，娯楽面での臨場感のニーズと，医療，教育などの現実感のニーズに分けられると思います．この二つは実はかなり異なる要求です．臨場感は実際に画面が 3 次元画像ではなくても得られます．例えば，画面を大きくする，左右から前方に大きく広がる画面にする，さらには音響効果によってもずいぶん臨場感は違ってくることでしょう．

偏光眼鏡を用いる方式

ここでは，実際の 3 次元画像効果を目指した試みをいくつか紹介しましょう．基本は右目で見た像と左目で見た像を両方表示し，それぞれの像が右目，左目だけに入ってくるようにすればいいのです．そのためのいくつかの方法が試されています．

一つは，偏光めがねを用いる方法です．臨場感を増すために大きなスクリーンに投影する方法を紹介しましょう．図 4.20 のように，投影のための液晶プロジェクターを右目用，左目用の 2 台用意します．それぞれのプロジェクターには左目用偏光板，右目用偏光板がついています．左右の偏光板の透過容易軸は直交しています．眼鏡についている偏光板は，右目には右目用プロジェクターの偏光板と組み合わせて用いるべき偏光板，左目にはその逆です．すなわち，右（左）目用眼鏡についている偏光板は，右（左）目用プロジェクターの出射偏光と同じ偏光を透過するものです．このようにしておくと，右目には右目用の信号だけが，左目には左目用の信号だけが入ってきて，立体的な画像となって見えることになります．

眼鏡を必要とするもう一つの方式は，眼鏡に液晶シャッターを使うものです．先の偏光眼鏡の場合には，右目用と左目用の画像が常に両方投影されていました．液晶シャッター眼鏡方式では，右目用と左目用の画像を交互に投影します．それに同期させて右目用シャッターと左目用シャッターを開閉します．すなわち，右目用画像が表示されているときには右目のシャッターのみが開き，左目用画像が表示されているときには左目のシャッターのみが開くことによって，それぞれの画像が目に交互に入ります．人はそれらを頭の中で合成し，自然に立体的に見えることになります．

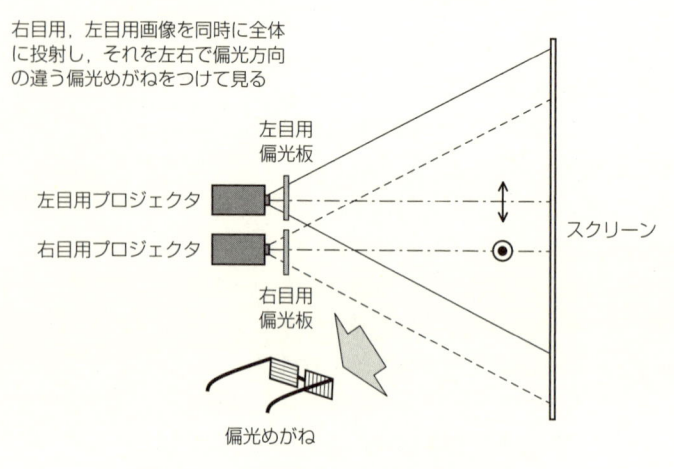

図 4.20 眼鏡を用いた立体画像形成の原理

眼鏡を使わない方式

しかし，画像を見るときにいちいち眼鏡をかけるのも煩わしいことです．そこで，眼鏡を必要としない方式もいろいろ考えられています．両眼用の画像を表示しておき，右目用画像は右目にだけ，左

目用画像は左目だけに入るような工夫ができればいいのです．その一つがパララックスバリア方式と呼ばれる方式です．図 4.21 のように，右目用と左目用の画像を表示画面に短冊状に表示します．表示画面の前にスリット（開口部と遮断部が交互に並んだ板）を置き，右目，左目にそれぞれ右目用，左目用の画像のみが入ってくるようにしています．原理的にはこれでよさそうですが，目を少し動かすと，入ってきてはならない画像が入ってくるので，目の位置に対して非常に敏感です．基本的に一人用であることはもちろん，一人で見ていても非常に疲れやすいディスプレイであることが想像できます．

光の利用効率を上げるため，表示画面の前にかまぼこ状のレンズを入れて，それぞれ左右の目に，光学的にそれぞれの信号を入れるようにした，レンチキュラーレンズ方式も知られています．しかし，

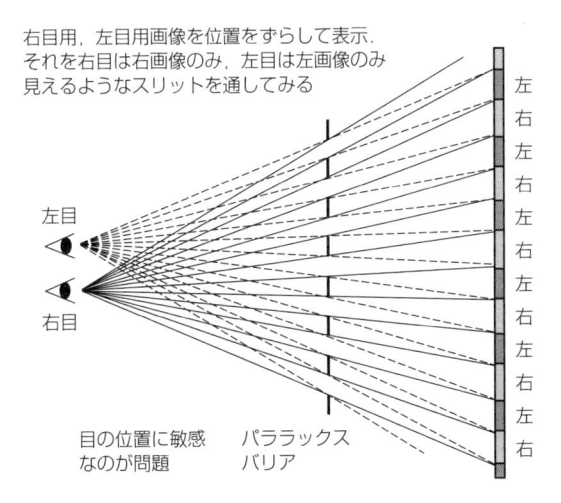

図 4.21 パララックスバリア方式による立体画像形成の原理

いずれにしても一人用で，目の位置に非常に敏感であることに違いはありません．目の位置に対する敏感性を緩和させるために，目の位置をセンサーで感知し，画像位置をそれに追随させるような方式も試されていますが，これも一人用であることに変わりありません．

もっと理想的な方式は無いのか

眼鏡をかけずに多人数で見られる立体画像はなかなか容易ではありません．それぞれの人の位置をモニターし，それぞれの左右の画像をそれぞれの人に投映する方式もありますが，複雑であり，一般向きではありません．最終的にはホログラム（干渉像）を用いるしか方法はないようです．

位相のそろった光同士が干渉を起こすことはよく知られています．例えば位相がそろってない同じ明るさの光を重ねると，2倍の明るさが得られます．しかし，位相のそろった光を重ねると光の振動の山と山や谷と谷が重なると2倍の振動になり，山と谷が重なると波の振幅はゼロになります．光の明るさはこの振幅の2乗ですから，2倍の振幅は4倍の明るさになります．これが干渉です．干渉の結果できる像を干渉像と呼びます．

ホログラフィの原理を図4.22に示します．物体光と参照光の干渉によってできる干渉像（ホログラム）を感光体に記録します．これに参照光をあてると，回折像として物体の像が再生されます．このようにホログラムは，画像の位相情報を含めて取り込むことによって立体映像を得るもので，両眼の視差以上の知覚を取り込んだ，原理的にはより自然な表示が得られる方式です．実際にものを見るときに見る方向によって見え方が変わるようにホログラムでは3次元の画像を見ることができます．

電子ホログラフィ方式では，ホログラムを表示した液晶ディスプ

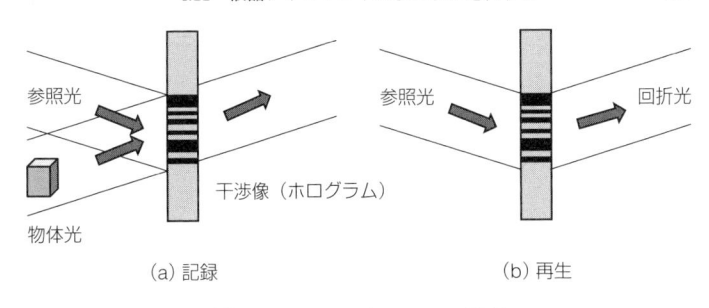

図中ラベル:
- 参照光
- 物体光
- 干渉像（ホログラム）
- 回折光
- (a) 記録
- (b) 再生

図 4.22 ホログラフィの原理

レイに照明を当てて立体画像を結像します．充分な視角から見ることのできる像を形成するためには，液晶ディスプレイの解像度（画素幅，画素ピッチ）を1ミクロン程度まで上げる必要があり，実用化への道のりはまだまだ遠いようです．

4.11 液晶ディスプレイはまだまだ進化する

もう一度，図4.17に戻ってみましょう．脳に情報を書き込むというのもあります．そのようなことができれば，生来，目の不自由な人でもビジュアルな世界を楽しめるようになるわけですが，これはまだまだ夢の世界です．でも脳ではありませんが，網膜に直接書き込むディスプレイは可能です．液晶ディスプレイではありませんが，超小型のレーザを目の前につけ，画像情報信号に従って，レーザ光方向を制御し網膜に直接，情報を書き込みます．レーザとしてはもちろん，目にダメージを与えないごく弱い光のものを用いることは当然です．

130　　　　　第4章　まだまだ進化する液晶ディスプレイ

ヘッドマウントディスプレイ

　似たようなコンセプトの液晶ディスプレイはヘッドマウントディスプレイ，もっと一般的にはウェアラブルディスプレイです．その例を図 4.23 に示します．ウェアラブルとはその名のとおり，着る感覚のディスプレイです．眼鏡の両眼用に二つの液晶ディスプレイを配し，両方の虚像を眼前に大きく表示するもので，まさしくバーチャルリアリティの世界に引き入れてくれます．片目だけにディスプレイをつけると，片目で前方が，片目で映像が楽しめるわけです．電車の中で周りも見える状況で映画を楽しむこともできます．

図 4.23　ウェアラブルディスプレイのイメージ

カーナビ画像も進化

　カーナビゲーションシステムは現在，ずいぶん一般的になりましたが，もちろんこれも液晶ディスプレイです．最近では2方向，あるいは3方向から異なった画像を見ることのできるものが開発されています．図 4.24(a)に示したように，原理は図 4.21 と似ています．三つの画像がスリットを通して，それぞれ右，左，中央からしか見えないようにしてあります［図 4.24(b)］．すなわち，バックライトからの光の向きを2方向，あるいは3方向に分離させることで，異なった方向からの複数の画面表示を可能にしています．2方向であると正面からは左右の混ざった画像が見えてしまうので，3方向のものが開発されました．このシステムを使うと，3方向であれば，運転席，助手席，後部座席の三人がそれぞれ違う映像を楽しむことができるわけです［図 4.24(c)］．このようにすることによって，車載用ディスプレイの利便性，安全性，娯楽性のすべてを満足させることができます．もちろん運転者はカーナビだけに集中しなければなりませんね．

　このような方式はもっと様々なところに応用可能です．大型テレビでも同じように，左右から別の画像を楽しめるようにすることはできます．この場合音声が問題ですが，イヤホンをつけなくても，指向性のいい（ある方向のみに音が出る）スピーカーを使えば，どちらかの音しか聞こえなくすることができるようになることでしょう．

電子ペーパー

　図 4.17 でもう一つの注目は"折りたためる，折り曲げ可能な"ディスプレイです．ボールペンの周りに巻き付けてあるディスプレイを引き出して使うとか，鞄の中から取り出して，折り曲げてあるものを広げて，大きなディスプレイにするとか，夢はふくらみます

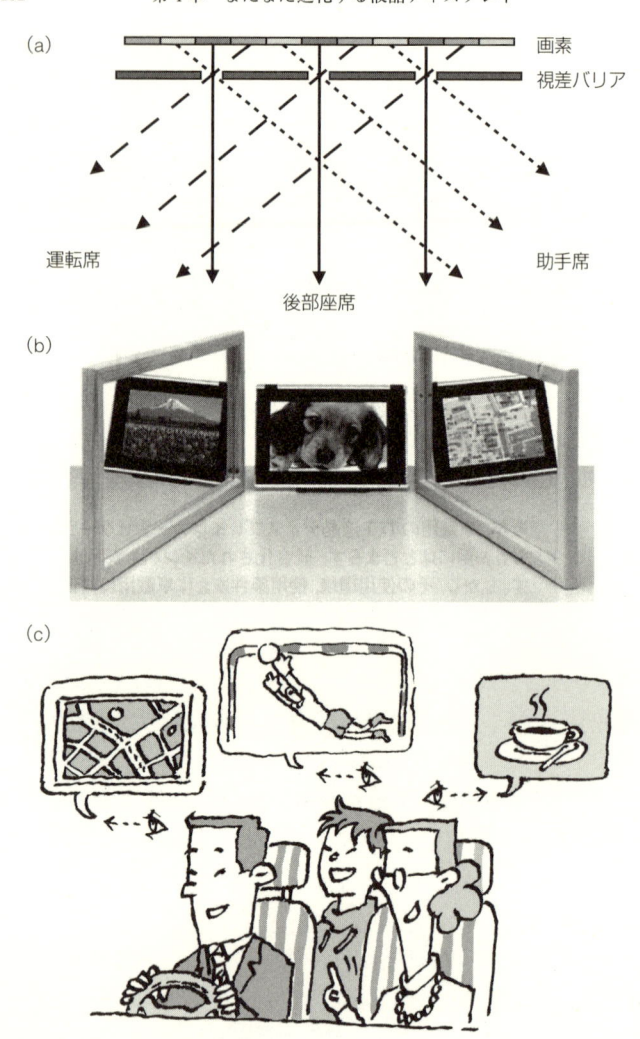

132   第4章　まだまだ進化する液晶ディスプレイ

(a)

画素
視差バリア

運転席　　　　　　　後部座席　　　　　　　助手席

(b)

(c)

図 4.24 車載用3独立画像ディスプレイの原理とイメージ（シャープ提供）

(図 4.25).

　そのための様々な紙のようなディスプレイ，いわゆる電子ペーパーの開発も活発に進められています．紙媒体を使わないペーパーレスオフィスへの構想も進んでいます．"紙"は丸めたり，折り曲げたりできますから，まさにそのようなディスプレイは究極のユビキタスディスプレイとなるはずです．画質を求めれば，アクティブマトリクスを使う必要があるでしょうから，プラスチックのような柔らかい基板にTFTを形成する技術も開発されています．

　また，紙の消費電力はゼロですから，それに近づけるためには反射型でバックライトを必要とせず，書き込んだ画像は完全に記憶されること（メモリ性）も大事な特性です．液晶以外の電子ペーパーも数多く提案されていますが，液晶でもネマチック液晶を用いた双

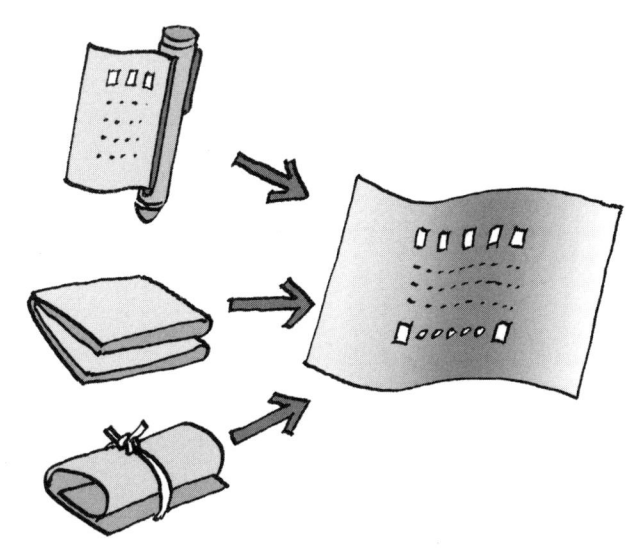

図 4.25 フレクシブルディスプレイのイメージ

安定性(中間調のない明暗のみのメモリ表示)や,表面安定化高分子強誘電性液晶の双安定表示を実現するための数々の試作品が公表されています.図 4.26 に示したのは出光興産(株)の開発した高分子強誘電性液晶パネルです.10 年以上前からリード線をはずした状態で保持された画像です.

電子ペーパーには,液晶を用いたもの以外にも様々な方式があり,液晶がこの分野で成功するかどうかはまだ予断を許しません.

図 4.26 出光興産の開発した高分子強誘電性液晶を用いた電子ペーパー

4.12 液晶ディスプレイと環境問題

最近の技術革新を語るときに,環境問題は避けて通れません.この章の最後に,液晶の環境問題との関連に触れておきたいと思います.液晶ディスプレイは幸い,低消費電力ですから環境には優しいといえると思います.また,使用している化学物質が有害でないかには十分な注意が払われ,数々の試験が行われています.しかし,

何千種類という液晶化合物が年に何百トンも使われている現実を考えると，いくら毒性がないといってもちょっと恐ろしくなります．今後も手を抜かずに調査研究を継続してもらいたいものです．

　有害物質で注意するのは液晶材料のような有機物ばかりではなく，鉛や水銀といった無機物でも使用できないものが多数あります．そのため，鉛フリー（鉛を使わない）のはんだが必要になったり，バックライトの蛍光管を水銀が含まれない LED（発光ダイオード）に変えたりすることが必要になります．一方，透明電極に用いられているインジウムは希少金属であるため，ちゃんと回収しているようです．

　(社)電子情報技術産業協会が策定した PC グリーンラベル制度という制度があります．これはパソコン関連製品に関する制度で，環境に関する三つの基準，"廃棄物の抑制と再使用に配慮した設計"，"使用後の引き取りやリサイクルの適正な実施"，"環境に関する適正な情報開示"を満たした製品に対して，この協会が審査し，合格した製品にマークを付けることができます．

　しかし，リサイクルとなると実際にはそれほど容易なことではありません．他の電気製品と同様，使用済みのディスプレイは有料で回収してもらうことができます．例えば，2006 年の NEC の発表によりますと，1 年間の使用済みパソコンディスプレイの回収は約 30 万台で，これらを資源として再利用したとのことです．しかし，回収した製品に対して資源として再利用した割合は重量ベースで，ノートパソコンが 45.9 %，液晶ディスプレイが 55.8 % であるといいます．また，ユーザからパソコンを買い取り，データ消去，ソフトのインストールなどを行って再生し，再販売するという事業も展開しています．

/第4章のまとめ/

- 液晶ディスプレイの研究はアメリカのRCAで始まった.
- 薄膜トランジスタ（TFT）は電流の流れのスイッチで，光リソグラフィを用いた繰り返し膜形成プロセスで作る.
- バックライトにはエッジ型（小型，中型ディスプレイ用）と直下型（大型ディスプレイ用）がある.
- 大きなマザーガラスはコストを下げる.
- 液晶ディスプレイの視野角の問題は，異方性の視角依存性による．視野角の改善は新ディスプレイモード開発，画素分割，補償板などを用いて行われる．視野角拡大フィルムは液晶の異方性をフィルムで補償することによって達成する.
- 液晶ディスプレイの現在の問題点はコントラスト比と応答速度である.
- 切れのいい動画を表示するには液晶表示に用いられるホールド方式ではなく，プラズマディスプレイなどに用いられているインパルス方式が理想である.
- 高速性のために高電圧パルスを入れる方式が用いられている.

第 **5** 章

まだまだ見つかる新しい液晶

　　　液晶産業が隆盛を極めているといっても，液晶の研究が終わったわけではありません．液晶の科学の発展もまだまだあります．この章では，比較的最近発見された新しい液晶について紹介し，液晶の不思議な世界，特にその科学の最先端をおはなしすることにします．

5.1 強誘電性液晶の発見

話は私が液晶の研究に入ってきた頃から始まります．1975年，アメリカのマイヤーはフランスの合成化学者達と液晶における初めての強誘電性を確認し，フランスの論文誌に投稿しました．これがその後の応用展開，反強誘電性液晶の発見へと続く大きな流れの幕開けです．

強誘電性とは

まず，強誘電性とは何かということからお話を始めましょう．負に帯電した原子と正に帯電した原子があるとき，その間には負の原子から正の原子に向かう双極子が存在します．双極子は大きさと向きをもつベクトルです．結晶の中に双極子があっても，通常は逆向きの双極子があるため，互いに打ち消し合い，結晶全体としては分極していません．

一般の読者にとっては，磁石の方がなじみ深いかもしれません．磁石にはN極とS極がありますね．結晶中の細かなN極とS極が打ち消し合わず，結晶としてN極とS極に分極していれば磁石になります．このような物質を強磁性体と呼びます．鉄製の釘を磁石につけておくと，磁石から離した後でも，釘と釘はくっついているということを経験したことがあると思います（図5.1）．このように，鉄の釘をある時間の間，磁石にすることができます．この"ある時間"を無限に保つことができれば，磁石を作れることになります．

強誘電性を考える場合には，N極とS極を正負の電荷に置き換えてみて下さい．もし，双極子が結晶内で打ち消し合わず，結晶全体として正電荷と負電荷が偏り，分極していれば，強誘電体といいます．厳密にはこの分極は外からの電場により，その向きを変えるこ

5.1 強誘電性液晶の発見

とができなければなりません．したがって，**電場のないときに分極をもち，その分極の向きを電場で反転させることができるとき，この物質を強誘電体と呼びます．**

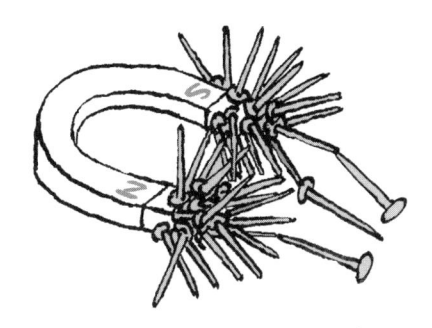

図 5.1 磁石にくっついた釘

液晶における強誘電性

液晶の場合，構成要素は原子ではなくて分子ですから，分子の双極子から話を始めましょう．もし，分子が対称であれば，双極子はありませんので，電場を印加せずに液晶全体が分極をもつこともありません．それでは分子が双極子をもっていたらどうでしょう．2種類の分子を考えましょう．図5.2に示されるような，それぞれ分子の長軸に対して垂直方向と平行方向に双極子（矢印）をもつ分子です．具体的には図1.6に示した二つの分子，MBBAと5CBがその代表的なものです．

これらの分子が普通のネマチック相を形成するとどうなるでしょう．ネマチック相では分子はその長軸の周りに回転しています．ですから，たとえ分子の長軸と垂直方向に双極子をもっていても，分子の自由回転によって双極子は平均化され，巨視的な分極を発生することはありません［図5.2(a)］．それでは分子の長軸方向に双極

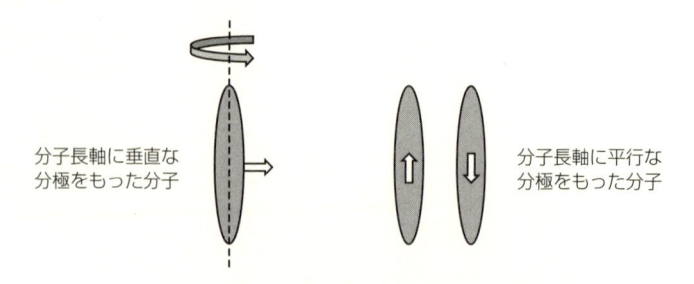

分子長軸に垂直な
分極をもった分子

分子長軸に平行な
分極をもった分子

(a) 分極は自由回転によって消失　(b) 分極は頭尾配列の対称性によって消失

図 5.2 液晶における巨視的分極の消滅理由

子をもっていたらどうでしょう．自由回転しても双極子はなくなりませんね．しかし，棒状の分子はネマチック相で，ある方向には並びますが，分子の向き，すなわち頭と尾をそろえることは一般にはありません．その結果，分子長軸方向の双極子も結局は打ち消し合って，分極の発生には至りません［図 5.2(b)］．

ここまでの話で，**分極を発生するためには，①分子の自由回転を抑えるか，②分子の頭尾をそろえる必要がある**ことが分かります．ある条件でその長軸方向に双極子をもつ分子の頭尾をそろえることができるという理論的な予想もありますし，それが実験的に確認できたという報告もあります．しかし，これにはまだまだ最終的な証明が必要なので，ここでは触れないことにします．

キラリティ導入による強誘電性液晶

ここでは，①の自由回転を抑えることに成功した 2 例をご紹介しましょう．最初の例がマイヤーによる初めての強誘電性液晶の発見です．もう 1 例が 5.8 節で述べるバナナ形液晶です．

5.1 強誘電性液晶の発見

マイヤーは 3.3 節で述べた，洋なし形分子とバナナ形分子のフレクソエレクトリック効果を使って，分極を発生させることができないかと考えました．ところが，そのためには広がり変形や曲げ変形を導入することが必要です．しかし，欠陥を作らずにこのような変形で空間を満たすことができません．そこで考えたのが次のような構造です．

マイヤーはネマチック液晶ではなく，スメクチック液晶を考えました．それも，図 1.5(b) のように分子が層法線方向からある角度だけ傾いているものです．しかも彼はキラル分子を導入し，らせん構造を発生させました．ネマチック液晶にキラル分子を導入するとコレステリック液晶になることは 1.5 節に述べ，そのらせん構造を図 1.11 に示しました．スメクチック液晶で，層構造と分子の傾きを保持したままらせん構造を作ると図 5.3 のようになります．

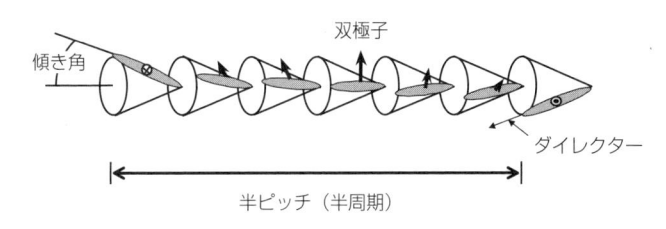

図 5.3 強誘電性スメクチック C* 液晶のらせん構造

分子の層の面への射影が作るらせん構造は，コレステリック液晶のらせん構造と同じです．たとえていえば，らせん階段のような構造です（図 5.4）．また，分子の先端をつないでみると，らせん階段の手すりのような構造になっていることも分かります．液晶的にいうと階段はねじれ変形しており，手すりは曲げ変形しています．すなわち，ねじれ変形を導入することによって，マイヤーは**空間に一**

図 5.4 らせん階段

様な曲げ変形を導入することに成功したのです.

　液晶分子はキラル分子で,鏡映対称性はありません.したがって,図 5.3 のような構造の各層を考えると,**分子に垂直で,傾き面に垂直な向きに,分極が発生する**ことができるのです.分子がキラルでないと,鏡映対称性ができるので,分極が発生することはできません.

5.2　強誘電性液晶ディスプレイ

前節で,液晶における初めての強誘電性状態を紹介しましたが,

読者はまだ不満が残っているのではないでしょうか．なぜなら，電場がないときに巨視的な分極があり，その分極が電場によって反転するのが強誘電性なのに，そのどちらも説明していないからです．確かに各層には分極がありますが，分子がらせんを巻いているので，分極もらせんを形成し，液晶全体としては分極をもちません．

これらの読者の不満を取り除くためにもディスプレイの話が必要です．強誘電性液晶のディスプレイの提案は1980年になされました．このディスプレイの説明をしながら，強誘電性について説明を加えていくことにします．

薄いセルに液晶を入れる

ディスプレイを実現するためには，強誘電性液晶を1～2ミクロン程度の狭いすき間をもつ基板間に挟みます．このような狭い基板間では，液晶はらせん構造を保つことができずにらせんがほどけ，右に傾いた状態と左に傾いた状態の2状態のみをとることになります［図 5.5(a)→(b)］．どうしてらせんが消失するかは，液晶分子と界面との相互作用とだけ述べておきますが，直感的にはらせんを基板で押しつぶしたようなイメージです．このような状態を**表面安定化強誘電性液晶（SSFLC：surface stabilized ferroelectric liquid crystal）状態**といいます．

右に傾いた状態と左に傾いた領域はそれぞれ，例えば上向きの分極と下向きの分極をもつことになります［図 5.5(b)］．すなわち，傾く方向と分極の方向は連動しています．このような液晶セルに電場を印加しますと，分極が電場の方向にそろいます［図 5.5(c)］．このときに分極と連動して傾く向きも変化します．もちろん，電場の方向を反転すると分極の方向も反転し，傾く向きも逆方向に変化します［図 5.5(d)］．また，電場を切ったとき，分極の向き，した

がって分子の傾きも保持されます［図5.5(e)］．このような電場に対する応答は強誘電性を証明しています．すなわち，強誘電性があるから電場によって分極を反転することができ，しかも，電場を切っても分極が残るのです．

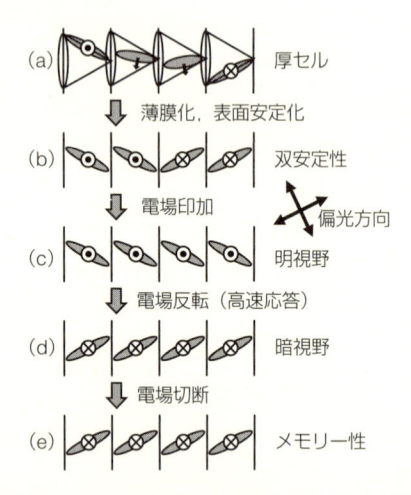

図 5.5 表面安定化強誘電性液晶の表示原理

強誘電性液晶ディスプレイの原理と特徴

ディスプレイにするときには，このような薄膜セルを2枚の偏光板の間にはさんでやればいいのです．今度は分極ではなく，分子長軸の向きに注目してください．図5.5に示したように，一つの偏光板の透過軸方向を一方の領域の分子長軸方向に一致させます．このとき，もう一方の領域の分子は偏光板の向きとある角度をなしています．3.5節に述べたように，液晶の複屈折の効果によって，これらの二つの領域は暗視野と明視野を表示することができます．

強誘電性液晶ディスプレイの特徴は次のようにまとめることがで

きます．①高速応答，②メモリー性，③しきい値特性，④広視野角の四つです．

①はネマチック液晶ディスプレイが誘電異方性を使っているのに対して，強誘電性液晶は分極が直接電場と相互作用しているために可能になります．②と③は分子が界面と強く相互作用している結果です．④はTN形と違い，分子が基本的には面内でスイッチングしているために得られます．

上に述べた特徴は長所ですが，短所がないわけではありません．①基本的には明暗の2値表示であること，②層構造を有すること，③様々な物理量に温度変化の要素が強いことなどです．

①の性質があるために，中間的な明るさを表示するためには工夫が必要です．それがないとフルカラー表示はできません．②は深刻な問題です．層構造という1次元の位置の秩序があるわけですから，流動性は著しく低くなっています．したがって，いったんこの層構造が乱されると，修復するには一般に等方相まで温める必要があります．③の問題もまた深刻です．例えば分子の傾き角に大きな温度依存性があり，もしもディスプレイ全面の温度が均一ではない場合，場所によって明るさが違うという問題が起こります．このような様々な問題を抱えていたため，いったん市場に出た強誘電性液晶ディスプレイはまもなく市場から消えていきました．しかし，高速応答ディスプレイへの期待から，最近，また強誘電性液晶ディスプレイの研究が活性化しています．

5.3 反強誘電性液晶の発見

発見の経緯

学生や企業からの研究者たちと強誘電性液晶の研究を進めていた

私たちは、ちょっと風変わりな強誘電性液晶の存在に気がつきました。正負の電圧を印加すると、図5.5(c), (d)に対応する状態は得られるのですが、電場を切るとその状態は記憶されず、あたかも分子が層法線方向に向いているような状態になります。電気特性や電気光学的な応答もいろんな意味で普通の強誘電性液晶とは異なるものでした。

構造が分からないまま、私たちは次節に述べたような液晶ディスプレイの提案をしました。共同研究していた会社からは特許も出し、新しいディスプレイ応用の研究をスタートしました。しかし、この液晶が実は反強誘電性液晶だと分かったのはそれから1年もしてからでした。でも、ディスプレイの原理はちゃんと反強誘電性液晶の特性を用いたものでした。

私たちは様々な実験結果からこの液晶の構造を予想しました。それが、図5.6です。強誘電性液晶と同じくキラル分子からできてい

層の厚さは光の波長の数百分の一

あたかも分子が層法線に平行に並んでいるように見える

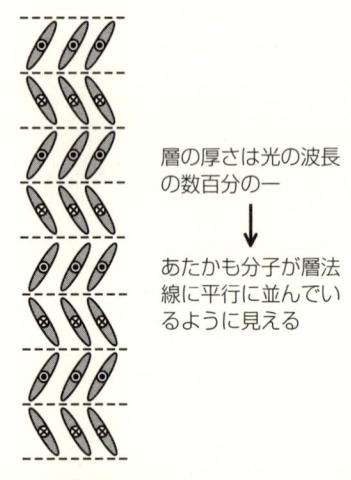

図 5.6 反強誘電性液晶の局所的な分子配列構造

ますので,らせんを形成します.図 5.6 は局所的な構造で,実際にはこの構造が層法線方向にゆっくりねじれているのです.電場のないときの安定状態では,分子は層ごとに傾く向きを変えています.層の厚さは数ナノメートルですから,その 100 倍もの波長をもつ光で観測すると,分子配列の平均的な方向しか見えません.というわけで,**偏光顕微鏡では,分子はあたかも層法線方向を向いているように見える**のです.

電場を瞬間的に反転すると,分子は図 5.5(c) と図 5.5(d) の状態の間を行き来しますが,プラスからマイナスへ電場をゆっくり変化させると,ゼロ電場付近でいったん図 5.6 の状態になることが電気的,光学的な実験から明らかになりました.この構造を分極の観点から見てみると,一つの層から次の層へと分極の向きが交互に反転しています.このような構造が電場印加によって強誘電性に変化するとき,この構造を反強誘電性構造といいます.

発見の教訓

私たちがこのような反強誘電性液晶の構造を明らかにして,論文に発表したのが 1989 年の春でした.また,夏には国際会議で発表しました.この風変わりな強誘電性液晶,つまり,反強誘電性液晶を見つけていたのは私たちだけではありませんでした.少なくとも他にも二つのグループが,ちょっと違った強誘電性液晶の研究をしていました.扱っていた化合物はすべて異なっていました.

イギリスのグループは,強誘電性液晶相の低温側にある何か別の相だけれどひょっとしたら不純物のせいかもしれないと論文を発表していました.フランスのグループは独自に我々と同じ構造を証明し,夏の国際会議で発表しました.くしくも私たちと同じ国際会議での発表でした.しかし,私たちは会議での発表前に論文として公

表しており,反強誘電性液晶は私たちの発見ということになっています.オリジナリティのある発見はちゃんと論文にしておくことが大切です.

強誘電性液晶との違いは発見の経緯にもあります.強誘電性液晶は,マイヤーの卓越した考えの上に立って計画的に発見されたものでした.しかし,反強誘電性液晶はそのための分子設計をしたわけではなく,強誘電性液晶の研究の過程で,いわば偶然に見いだされたものです.しかし,風変わりな強誘電性液晶だと思っただけでは,発見には到達できなかったことも確かです.液晶はお互いに平行になろうとするものだという先入観をもっていては,発見には至らなかったでしょう.変わった現象の陰には重要な発見が潜んでいることもあるのです.

5.4 反強誘電性液晶ディスプレイ

強誘電性液晶ばかりではなく,反強誘電性液晶もディスプレイとして大きな可能性を秘めています.5.3節に述べたように,反強誘電性液晶の研究はむしろディスプレイの研究からスタートしたのです.

電気光学特性

私たちの反強誘電性液晶発見の契機になったデータをまずご紹介しましょう.私たちは三角波状の電圧をかけて,液晶分子の光学応答と電流応答を測定していました.図5.7のように,電圧が正負の極大の間を変化すると,二つの電流ピークが出て,**極性が二度変化**することが分かります.**それと同時に透過率が二度変化**しています.強誘電性液晶であれば,電流ピークは1本,透過率の変化は一度だ

5.4 反強誘電性液晶ディスプレイ

けのはずですから,明らかに強誘電性液晶とは違います.これは二つの強誘電性状態の間に反強誘電性状態を通過するからです.

見かけ上,分子が層法線方向から何度傾いているか(傾き角)の観測結果をグラフにしたのが図 5.8 です.正負の電圧印加で右,あるいは左に傾いているのに対して,**電場を印加しない状態(電圧 0 のところ)で,見かけ上,傾き角はゼロ**になっています.反強誘電性液晶状態(図 5.6)を考えれば,それぞれの分子の傾き角の平均は確かにゼロです.

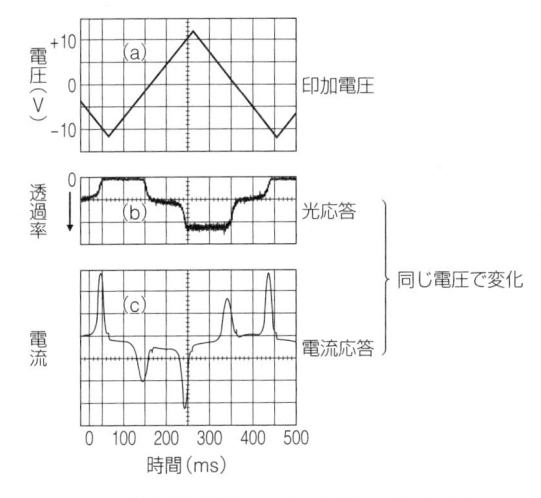

図 5.7 反強誘電性液晶に三角波を印加したときの光学(透過率),電流応答

ディスプレイの原理と特徴

図 5.8 のもう一つの注目すべき点は,正負の電圧領域の二つのヒステリシスです.これは反強誘電性液晶の特徴ですが,この図を見

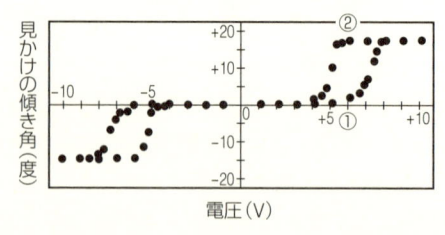

3つの安定状態間をスイッチする

図 5.8 反強誘電性液晶の見かけの傾き角の電圧依存性

ると次のようなデバイスが想像できます．例えば，6Vで安定状態は二つあります．6Vをかけた傾き角ゼロの状態（図5.8①）の液晶に6Vに重ねて，3V以上のパルス状の電場［図5.9(a)］を印加すると，ヒステリシス（電圧を上げるときと下げるときで違う道すじ（値）を

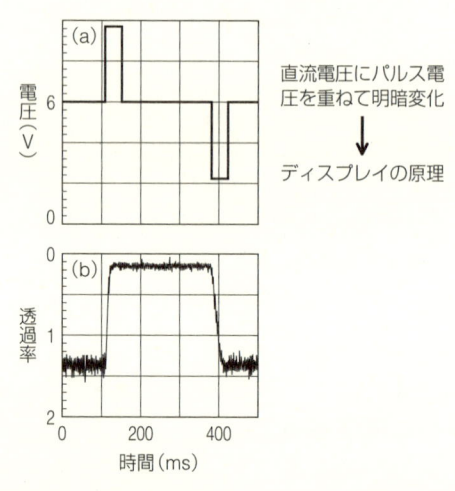

直流電圧にパルス電圧を重ねて明暗変化
↓
ディスプレイの原理

図 5.9 反強誘電性液晶ディスプレイの表示原理

通る現象)が原因で傾いた状態(図5.8②)に移行します。逆にこの状態に6Vに重ねて,3Vのマイナスパルスを印加すると傾き角ゼロの状態(図5.8①)に戻ります。マイナス電圧側でも同様なことが起こります。これを層方向に平行な直交偏光板にはさんでみたときの透過率の電場応答を図5.9に示します。**パルス電場印加によって,明暗のスイッチングが生じることが示されています.**

このようなディスプレイの原理を模式的に示したのが図 5.10 です。このように反強誘電性液晶では反強誘電性液晶状態を暗状態,二つの強誘電性液晶状態を明状態に用いて表示を行います。**正負の**

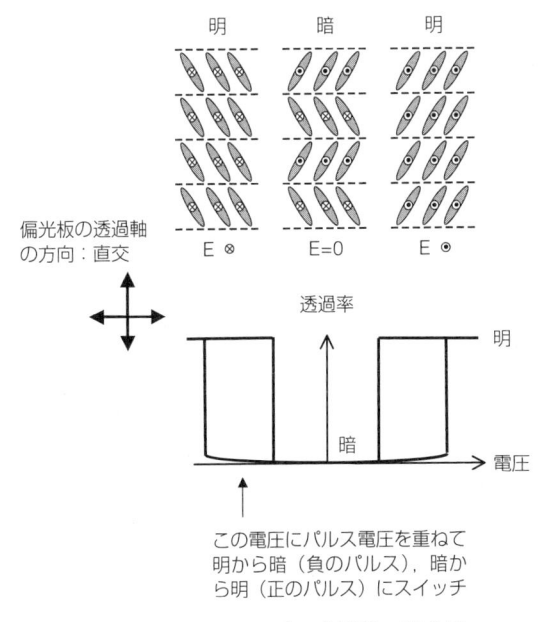

図 5.10 ディスプレイ原理の模式図

電場を交互に用いれば、電荷がたまることもありません．この点は強誘電性液晶に対して有利な点です．メモリ性（双安定性）はありますが，あくまで，バイアス電場（上の例では6V）下の話で，電場を切ってしまうと反強誘電状態に戻ってしまうのが欠点です．

5.5 反強誘電性液晶の仲間たち

私たちが最初に反強誘電性液晶を見つけたのは、略称MHPOBCと呼ばれる化合物（図5.11）でした．このとき，実は反強誘電性液晶の仲間も見いだされていました．この試料の温度を等方性液体の状態から徐々に下げてくると，まず，分子が層法線方向から傾いていないスメクチック相が出てきます．次に三つの相を経由した後にやっと反強誘電相が現れます．我々はこの三つの相に α，β，γという名前を付けました．βは当初，普通の強誘電性液晶相だと思ったのですが，試料の純度が十分でなかったために，実は強誘電性液晶相ではないことが後に分かりました．

αは顕微鏡で見たところ，ほとんど傾いていないスメクチック相と区別がつかないのですが，後に，傾き角が小さく，らせんのピッ

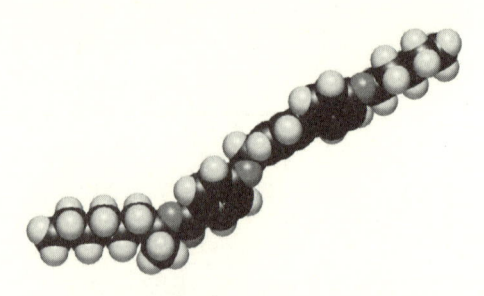

図 5.11　反強誘電性液晶分子の一例

チ（周期）が非常に短い構造をもつ相であることが分かり，SmCα^* と呼ばれるようになりました［図 5.12(a)］．ここでらせん構造をもつ相を表す * をつけました．β，γ もその後の様々な実験的，理論的な研究から，それぞれ 4 層周期，3 層周期をもつ相であることが分かりました．どのような 4 層周期，3 層周期であるかに対しても，二つのモデル構造を巡って，熱心な議論が行われました．

一つは図 5.6 に示したように分子の倒れる向きが一つの面内に固定されているモデルで β は右右左左の 4 層，γ は右右左の 3 層の周期構造です．もう一つは同じ角度だけ回転し，4 層，3 層で一周するモデル構造です．いずれの場合もこれらの基本構造が強誘電相や反強誘電相のようにゆっくりとらせんを形成するというものでした．しかし，最終的に特別な X 線構造解析を用いて明らかになったのはこれらの中間的なものでした．その構造を図 5.12(b)，(c) に示します．今ではそれぞれフェリ 2，フェリ 1 相と呼ばれています．

これらの構造が安定に存在するためには層を超えた様々な電気的な相互作用が必要ですが，それにしても液晶の相互作用は複雑です．複雑だからこそ，複雑で多様な構造形成が可能なのです．

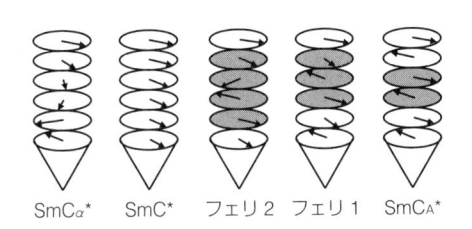

図 5.12 反強誘電性液晶ファミリーの分子配列構造

5.6 層だってねじれてしまう

反強誘電性液晶の発見と同じ年，もう一つの新しい相が発見されています．TGB（twist grain boundary，ツイストグレインバウンダリー）相と呼ばれるのがそれです．強誘電性液晶や反強誘電性液晶と同様，この相もキラル分子からなる液晶において現れます．分子が層法線から傾いていないスメクチック A 相を考えましょう．ネマチックや分子が層法線から傾いているスメクチック C 相と異なり，キラル分子を導入しても，層構造を固定して考える限り，ねじれるところがありません．

このような場合，分子のもつキラリティを増していくと何が起こるでしょう．その答えは図 5.13 です．層構造がねじれます．ただ，層は連続的にねじれるのではなく，不連続にねじれます．そのため，グレイン（一様な層構造をもった領域）とグレインの間のグレイン境界には周期的に転位線が導入されます．

3.6 節で紹介した転位とここでの転位は異なります．3.6 節で紹介

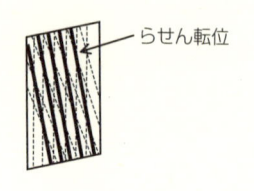

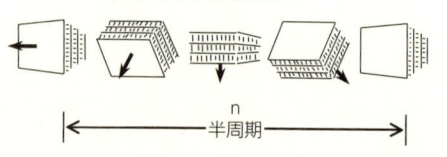

図 5.13 ツイストグレインバウンダリー（TGB）相の構造

したものは，並進操作による不連続性を導入することにより，その並進操作と垂直方向に転位線が発生しました．刃を挿入しているような変形のため，刃状転位といわれます．ところがここでは一層分の並進操作による不連続性の導入により，並進操作と平行方向に転位線が発生しています．このような転位はらせん転位として知られています．転位線に沿って，ある層から隣の層へとらせん状につながっていっています．

このようなTGB相の存在は1972年にすでに予想されていました．実験的に見いだされるまで実に17年の歳月がかかったことになります．その後，分子が層法線から傾いている強誘電性スメクチック相や，その傾く向きが層から層へ交互に変化する反強誘電性スメクチック相においても分子が形成するらせんと層が形成するらせんとが共存する相も見いだされています．

5.7　3次元の秩序をもつ相

液晶にはネマチック相のように位置の秩序をもたないもの，スメクチック相のように1次元の位置の秩序をもつもの，ヘキサゴナルカラムナー相のように2次元の位置の秩序をもつものがあります．それだけではありません．3次元の位置の秩序をもつ液晶も存在しているのです．

ブルー相

その代表がブルー相です．ブルー相は液晶を発見したライニッツァーが最初に見た液晶相で，コレステリック相の高温側の，通常，狭い温度域に現れます．コレステリック液晶はネマチック液晶がねじれた構造をしています（図1.11）．

等方相にある、ある一つの分子に注目し、ここからコレステリック相が出現する様子を考えてみましょう。ねじれ構造のらせん軸はこの分子の長軸に垂直であればどのような方向に作ることも可能です。このようにして、らせんは中心の分子から45度回転するまであらゆる方向に成長し図5.14のような円筒を形成します。なぜ45度なのかは、弾性エネルギーがもっとも少なくてすむから、とだけ述べておきましょう。

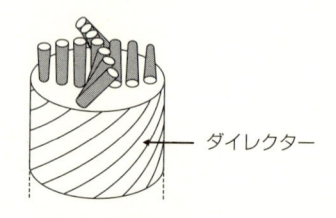

分子は分子に垂直な面内の
どの方向にもねじれる

図 5.14 ブルー相のダブルツイスト構造

ブルー相とはこのような円筒がジャングルジムのような構造（例えば図5.15）を形成したものです。構造は3次元の周期性をもちます。また、これらの構造は円筒の構造物を貫く転傾によって安定化されています。現在、3種類のブルー相が知られています。低温側からブルー相I、ブルー相II、ブルー相IIIと呼ばれています。図5.15(a)はブルー相I、(b)はブルー相IIです。比較的キラリティの強い液晶系に現れることが多く、らせん構造の周期が青色に対応することが多いため、青く色づいて見えます。これがブルー相の名前の由来です。もし、らせんの周期が紫外域にあれば、光学異方性がないので、直交偏光板間で真っ暗に見えます。最近では、等方相と傾

5.7 3次元の秩序をもつ相

(a) ブルー相 I

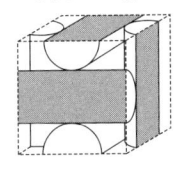

(b) ブルー相 II

ブルー相は波長オーダーの周期を持ったジャングルジム構造

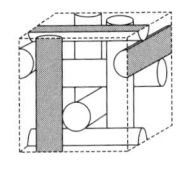

図 5.15 ブルー相の単位格子

いたキラルスメクチック相の間に，スメクチックブルー相の存在も確認されています．

キュービック相

もう一つの重要な3次元秩序相がキュービック相です．キュービック相はブルー相に比べて周期は数十倍も短く，10ナノメートル程度です．分子の大きさを考えると，単位構造中（単位格子）に千個程度の分子を含んでいます．剛直なコア部がある構造を形成し，柔軟な長い末端鎖がその隙間を埋めているような構造になっています．

これらの3次元秩序をもつ液晶相は，結晶のような3次元の秩序をもつとはいっても，分子の運動性は高く，液晶の液晶たる性質をしっかりもっているのです．

5.8 バナナ形液晶の不思議な世界

もっとも最近の話題を紹介しましょう．これまで，典型的な液晶分子の形として，棒状と円板状を考えてきました．曲がった分子は，それが長軸の周りに回転すると大きな体積を占めることになるので，液晶の形成には不利であることが想像できます．実際，曲がった分子が合成されたことはありましたが，一般には曲がった分子は液晶には向かない分子だといわれてきました．

バナナ形液晶の極性構造

しかし，自由に回転できなければ長軸に垂直方向に向いた双極子がそろい，分極を発生するかもしれません．このように考えて，私たちは屈曲形（バナナ形）分子を合成し，その電気的な特性を測定してみました．その特性は驚くべきものでした．それまで，**キラル分子を導入しなければ出現しなかった，強誘電性や反強誘電性がキラル分子を含まないバナナ形液晶で初めて観測されたのです**．

最初に合成されたバナナ形液晶分子を図 5.16 に示します．左右対称なので，分子の曲がった向きのみに双極子をもつことができます．もしこの分子がスメクチック相をとり，層構造を形成したら，どうなるでしょうか．分子が密に詰まろうとすると，図 5.17 のように**曲がった方向を揃えて配置**するでしょう．そうすると層に平行

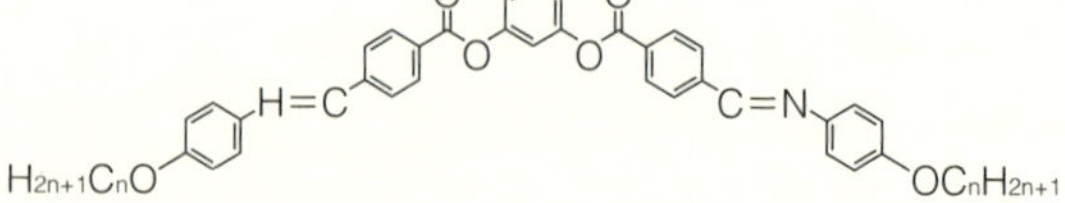

図 5.16 バナナ形液晶分子

な分極が発生します．

　層に平行に電場を印加すると，分子は一斉に回転し，分極の反転が起こることが予想されます．このようなことが実際に観測されたのです．隣り合う層で分極が同じ方向を向いていれば強誘電性，分極の方向が交互に変化していれば反強誘電性になります．図には強誘電性の例を示しました．実際にこのいずれもが見いだされました．

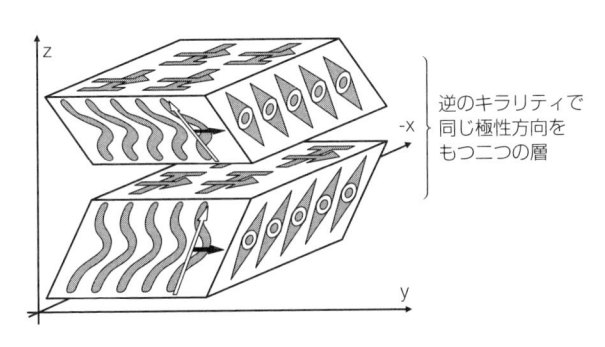

図5.17 バナナ形液晶が作る，傾いたスメクチック相の層構造と分子のパッキング構造

バナナ形液晶におけるキラリティ

　バナナ形液晶の面白さは，強誘電性や反強誘電性のような極性構造にとどまりませんでした．最初に極性が確認された相では，分子は層法線に対して傾いていました．なんだ，傾いた強誘電性スメクチック相と同じかと思わないでください．分極の出方が違うだけではなく，傾くことによってキラリティが発生したのです．

　詳しく説明しましょう．図5.18のような配置を考えてください．右に傾いた分子と，左に傾いた分子は，互いの鏡像になっています．すなわち，屈曲した分子が傾くとキラリティが発生するのです．こ

の配置に特有な軸が三つあります.層法線方向（z）,分子長軸方向（xz 面内）,それに屈曲方向（y）です.三つ軸があるとキラリティが発生します.x 軸を y 軸の方向に回したとき,右ねじの進む方向に z 軸があれば右手系,右ねじの進む方向と逆方向に z 軸があれば左手系です.傾いたバナナ形スメクチック相の場合は層法線方向を分子長軸方向に向かって回転したとき,右ねじの進む方向に屈曲方向があれば正キラリティ,逆方向だと負キラリティと定義します.

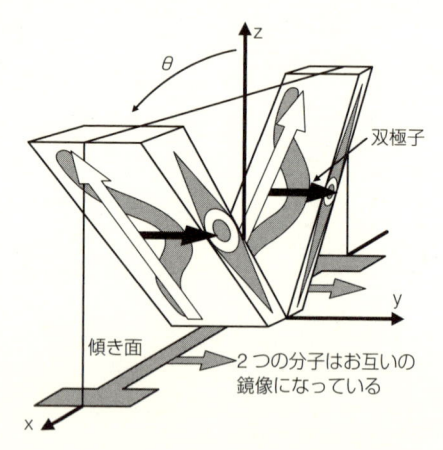

図 5.18 傾いたバナナスメクチック相におけるキラリティの発生

いずれにしても,分子は一つの層の中では同じ方向に傾いていますから,一つ一つの層にキラリティが付与されるということになります.通常の強誘電性液晶はキラル分子で構成されていますから,すべての層は同じキラリティをもちます.ところがバナナ形液晶の場合,分子自身は一般にキラルではありませんから,すべての層で同じキラリティをもつわけではありません.というより,正キラリ

ティをもつ層と，負キラリティをもつ層は同じ数だけ存在しなければ不自然です．

5.9 バナナ形液晶における自然分掌

分極の方向と傾く向きで分類すると，バナナ形液晶のこの傾いたスメクチック相には図5.19のような四つの構造の可能性があることが分かります．この中の二つが強誘電性，二つが反強誘電性です．また，この中の二つが隣り合った層でキラリティが同じ（ホモキラル），二つが隣り合った層でキラリティが入れ替わって（ラセミック）います．もちろんホモキラルであっても，正キラリティをもった領域と，負キラリティをもった領域が同じだけ存在し，全体としてつりあっています．

バナナ形液晶分子には10種類くらいの新しい相が見いだされていますが，分子が層法線から傾いていないのに，二つの異なったキ

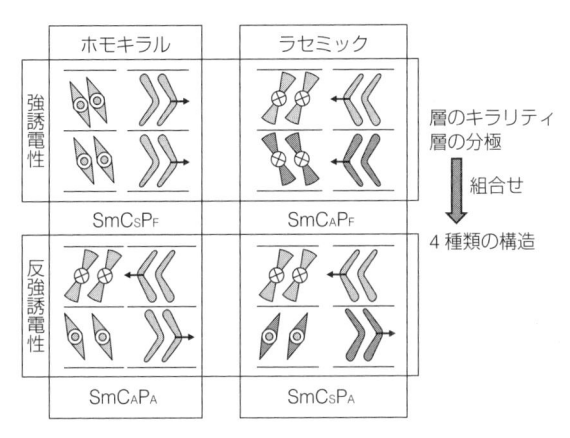

図5.19 傾いたバナナスメクチック相における4種類の分子配列構造

ラリティの領域に,自然に分かれる(自然分掌)相があります.この場合は上の議論が使えませんので,キラルに分かれる別の理由を考えなければなりません.さまざまな方法で分子がねじれていることが分かりました.2翼のプロペラを考えてくれればいいと思います.このプロペラ状分子は右ねじれ同士,左ねじれ同士がより密に重なることができます(図 5.20).このような理由でキラリティの自然分掌が起こるのです.このような現象は 1.6 節に述べたような,パスツールによって発見された結晶における自然分掌と同じです.**バナナ形液晶分子では分子はキラルでないのに,しかも液晶状態で結晶の自然分掌と同じことが起こる**のです.

バナナ形液晶では普通の棒状分子の液晶では見られなかった,不思議な現象が数多く発見されました.研究人口はあっという間に増加し,今では液晶研究の大きな分野を形成するまでになっています.

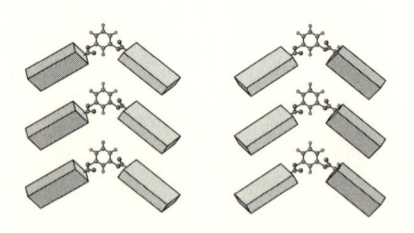

右ねじれ(左ねじれ)プロペラ分子は
同じ分子同士パッキングしやすい

図 5.20 屈曲形プロペラ分子がキラル分掌するようす

5.10 2軸性ネマチック相

それまで予想はされていたものの,実験的に確認されることがなかったのに,バナナ形液晶の出現によって初めて見つかった相があ

5.10 2軸性ネマチック相

ります．2軸性ネマチック相です．

棒状分子とはいっても，液晶分子はさまざまな形をしており，本当に棒のような形をしているわけではありません．しかしそのような分子でもネマチック相では分子はその長軸の周りに回転しているので棒状といってもいいわけです．でも，もし，板状の分子を考えると，そばに別の分子がいては回転しにくくなります．もし，分子の回転が抑制され，板がその面をある程度そろえて並ぶと，これはもう普通のネマチック液晶ではありません．

長軸を z 軸とし，それに垂直な軸を x 軸，y 軸とすると，普通のネマチック液晶では x 軸と y 軸の区別はありませんが，回転が抑制された板状の分子では x 軸，y 軸が等価ではありません（図 5.21）．このような液晶を2軸性液晶といいます．

これまで，このような相を実現しようとして，いろいろな分子が合成されました．しかし，ある実験では2軸性液晶の性質を示したのに，別の実験で否定されるということの繰返しでした．ありそうでなかったこのような液晶相が，曲がった液晶分子によって初めて実験的に確認されたのです．

板状分子は
自由回転できない

図 5.21 2軸性ネマチック相

5.11 生体と液晶

1.6節や1.8節で述べたように,生態と液晶状態は非常に密接な関係があります.私たちの体内には60兆もの細胞があります.それらの細胞の多くは液晶状態を示します.液晶というソフトで非常によく制御された構造が,生命体の機能の維持に非常に重要な役割を果たしているのです.

人間の体を作り上げる利き手をもった巨大分子としてタンパク質があります.タンパク質はいろいろなアミノ酸からできています.このアミノ酸の並び方を決めているのがDNA(デオキシリボ核酸)です.DNAは遺伝子情報をつかさどる,いわば"生命体の設計図"の役割をします.

DNAは巨大分子(高分子)で細胞一つに含まれているDNAをまっすぐに伸ばしたとすると1メートルにもなります.DNAにはアデニン,チミン,グアニン,シトシンという四つの塩基が含まれていることはよく知られています.数十ナノメートル(1ナノメートルは1/1 000 000ミリメートル)の長さのDNAの溶液が液晶相を示すことは1940年代の終わり頃からよく知られており,光学的,X線構造解析などの手段で広く調べられてきました.理論的には分子の直径に対する長さの比が5程度を超えないとネマチック相は示さないと予想されていました.

最近,6〜20個の塩基からなる,長さ2〜7ナノメートルのDNAが様々な液晶状態を示すことが報告されました.この長さは,だいたいディスプレイに使われている低分子の液晶分子程度です.液晶状態の中にはネマチック,実際にはキラル分子なのでコレステリック相が含まれていました.この,ほとんど異方性のないような,短いDNAが自発的に長手方向の集合体を作っているのが原因のよ

うです．

　タバコモザイクウイルスはタバコモザイク病を引き起こす病原体となるウイルスです．長さ約 300 ナノメートル，直径約 18 ナノメートルで，顕微鏡で見ると，形はまさにタバコのようです．この溶液も液晶相を示すことがよく知られています．このように，生体膜の多くが液晶構造をしているだけではなく，生体内にも多くの液晶状態を示すものがあるのです．

/第5章のまとめ/

- 流動性のある液晶にも巨視的な分極をもつ強誘電性,反強誘電性状態が存在する.
- 強誘電性を実現するためには分子の自由回転を抑制することが必要である.
- キラリティの導入によって,あるいは分子の形状によって自由回転を抑制し,強誘電性や反強誘電性が実現された.
- 強誘電性ディスプレイは薄いセルに強誘電性液晶を導入することによって作る.
- 強誘電性液晶ディスプレイは,高速応答,メモリー性,しきい値特性,広視野角などの特徴をもつ.
- 反強誘電性液晶は分子の傾きと分極が層から層へ交互に変化する構造をもつ.
- 反強誘電性液晶ディスプレイも強誘電性と似たようなディスプレイ性能をもつ.
- 反強誘電性液晶は直流電圧にパルス電圧を重ねることで駆動する.
- 2層周期の反強誘電性に加えて,3層周期,4層周期をもつ液晶相が見出されている.
- 層が不連続にねじれたTGB相が見出されている.
- 液晶には3次元秩序をもつ,ブルー相やキュービック相が知られている.
- 屈曲した分子(バナナ形分子)はキラリティを導入せずに,強誘電性,反強誘電性を実現する.
- バナナ形分子が層法線に対して傾くことによってキラリティを発生する.
- キラルでないバナナ形液晶分子のある相では自然分掌を起こす.
- バナナ形分子は自由回転が抑制されるため2軸性ネマチック相を形成するものがある.
- DNAも液晶相を形成する.

第 **6** 章

まだまだ広がる液晶の応用

　液晶は固体や液体にはない性質をもった物質群ですから，ディスプレイばかりではなく，まだまだ様々な応用が考えられます．ここでは，まだ実用化されていないものも含めてディスプレイ以外の応用を紹介しましょう．

6.1 様々な液晶シャッター

溶接用保護眼鏡

まずは,ディスプレイではありませんが,電圧の印加による液晶の配向変化を光のシャッターに使った応用をいくつか紹介しましょう.

溶接をしたことのある人は少ないかもしれませんが,ビルの工事現場などで見かけたことはあるかもしれません.金属を溶接するときには,アーク放電で金属を溶かしてくっつけます(図 6.1).このときのアーク光は非常に強く,保護眼鏡をつけていないと目に大きなダメージを与えます.しかし,眼鏡を最初からつけていると,溶接する場所が見えないので,光った瞬間に保護眼鏡をつける必要があります.このような操作を必要なくしたのが溶接用の液晶眼鏡です.光センサーに連動して,液晶シャッターが閉じるようにしておけば,アーク光が出た瞬間に視野が暗くなり,目を護ります.

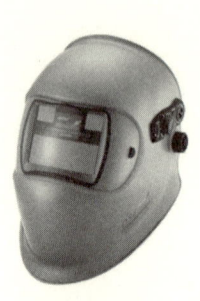

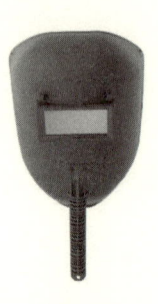

液晶保護メガネ付き溶接面　　従来の溶接保護メガネ　　溶接作業をしているところ

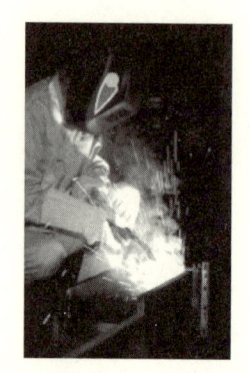

図 6.1　溶接用保護眼鏡

通常のカーシャッター

　液晶を用いた高速シャッターの話をする前に，分極性の分子と電場との相互作用について説明しましょう．電気分極は電場の方向に並ぼうとしますので，例えば二硫化炭素の液体に交流電場を印加すると，直線状の分子は電場の方向に並び，光学的異方性が発生します．このような効果をカー効果と呼びます．

　直交偏光板の間に置いたこのような物質のカー効果を使うと，液晶と同じように，光シャッターを作ることができます．数ナノ秒（1ナノ秒は1/1 000 000 000秒）という高速で応答します．ところが，分子は常に熱によって擾乱（じょうらん）を受けているので，このような異方性を発生させるためには，熱による配向の乱れを抑えるほどの非常に大きな電場が必要です．最近では強力な光の電場でカー効果を起こし，高速光シャッターに応用しようという研究もあります（光カー効果）．これならピコ秒（ナノ秒のさらに1/1 000）の応答も可能です．しかし，大きな電場強度が必要というだけではなく，作り出される異方性が小さいので，シャッターとして使うにはかなり厚い試料が必要になるという問題があります．

液晶を使ったカーシャッター

　これを解決できるのが，大きな異方性をもち，しかも小さな電場で応答する液晶です．液晶の電場応答は遅いとはいっても，これは液晶状態での話です．液晶分子が液体状態から液晶状態に変化（相転移）するとき，液体の中に液晶のかたまりができてきます．ちょうど液体の海の中に液晶の島が浮いているような状態です．温度が下がり，液晶状態に近付くにつれて，島の数や大きさは増してきます．そして，あるところで不連続に，等方液体状態（相）から液晶状態（相）に相転移します．

等方相におけるこのような状態に電場を印加すると，通常の分極性液体に比較してはるかに低い電圧で，はるかに大きな異方性が誘起されます．これは通常の液体のように，分子がばらばらに存在するのと違って，ある程度の液晶状態ができかかっていることが原因です．そうはいっても，等方相から液晶相に転移する前では，見た目には通常の等方相と同じです．ですから，直交する偏光板ではさんでみると，完全にシャッターの閉じた状態が実現できます．

　精密に温度を制御して，パルス電場を印加することによって，カーシャッターを作ることができます．**温度が液晶相への転移温度に近付くにつれて，同じ電場で作り出せる異方性は大きくなりますが，応答速度は遅くなります**．逆に温度を上げていくと，応答速度は速くなりますが，誘起される異方性は小さくなります．目的と実験環境に合わせて適当な温度で使う必要があります．

　精密な温度制御が必要であることから，民生用の機器への使用は難しいですが，実験室でのシャッターとしては使うことができます．

6.2　液晶レンズ

　皆さんはレンズといえば，凸レンズや凹レンズなど平らでないものを思い浮かべるでしょう．これはガラスのような等方的な物質による，光の屈折を用いるからです．もし，物質中に屈折率や光軸の分布を作ることができれば，平らなレンズというのも可能です．そればかりか，機械的にレンズを動かすのではなく，電圧の印加で焦点距離を変えることさえできるのです．このようなことができるのが液晶です．

屈折率異方性を調べる実験

　液晶レンズは，液晶を利用したレンズの一種です．ここでも，液晶の光学的な異方性と電場での配向制御能を活用します．簡単な実験をまず，ご紹介しましょう．液晶を図6.2のようなくさび形の容器に入れます．そのときに，液晶分子がくさびの溝に沿って並ぶようにくさび内部の表面を処理しておきます．これは一種のプリズムですから，光を入れるとある角度に屈折し，向きを変えます．

　簡単のために，レーザ光のような単色の光を入射したときを考えましょう．普通のガラスのプリズムと違うところは，偏光していない自然光を入射したとき，出てくる光が2本に分かれることです．自然光はすべての偏光をもっていますから，その中の液晶分子と平行方向と垂直方向に偏光した光を考えましょう．液晶は屈折率の異方性をもっていますから，液晶分子と平行方向と垂直方向の偏光に対する屈折率が違います．前者の方が後者より大きいので，液晶分子と平行に偏光した光の方が大きく光路を変化させます．

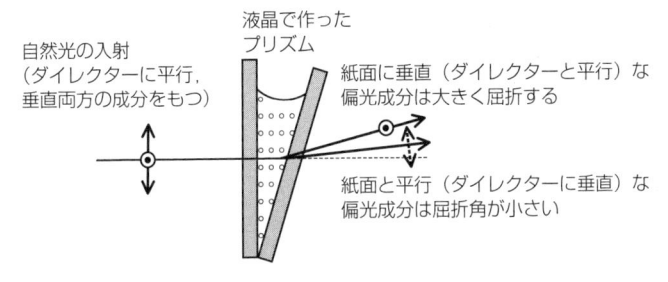

図6.2 液晶プリズムによる2種類の偏光ビームの屈折

可変焦点レンズ

　さて，液晶で図6.3のようなレンズを作ってみましょう．分子はレンズ面に平行に並んでいますので，その方向の偏光を使うと近く

に焦点を結びますし,垂直の偏光を用いると遠くに焦点を結びます.平行の偏光を用い,電場を印加するとどうなるでしょう.分子はレンズ面に対して立ち上がりますので,偏光は分子と垂直方向になり,屈折率が小さくなります.このように,**電圧を調整することによって見かけ上の液晶の屈折率,すなわち焦点を連続的に変化させることができるのです**.

カメラや望遠鏡など焦点距離調節機能をもつ装置のレンズ系においては,多くの場合,複数のレンズを用い,それらの距離を変化させて焦点距離を変化させます.そのためにはレンズの移動機構にはモータなどが必要になります.これに対し,液晶レンズは機械要素を含まず,電気信号のみによってレンズの焦点距離を変えることができます.このように,液晶を使えば容易に可変焦点レンズを作ることができます.

レンズが大きいと大きな電圧をかける必要が出てくるので,レンズを0.1ミリ程度にしたマイクロレンズが作られています.これな

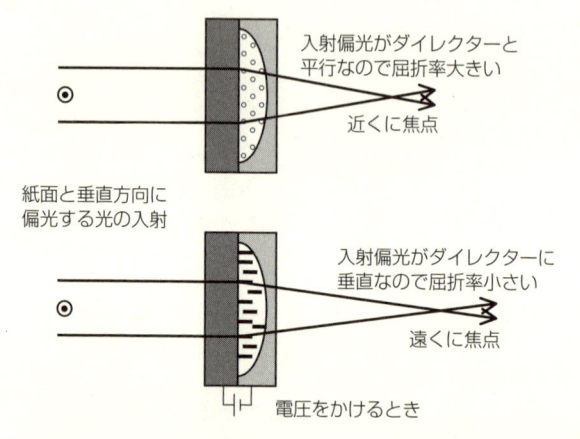

図 6.3 液晶レンズの電圧印加による焦点距離の制御

ら，10 V程度で凸レンズにしたり，凹レンズにしたりすることができます．

今のところ，光学的な特性がまだ十分ではなく，本格的な応用はまだまだこれからになりますが，機械的制御の必要のない液晶可変焦点レンズは高い可能性をもっています．

6.3 リオトロピック液晶の応用

液晶紡糸

この本のほとんどの話は低分子液晶の話です．しかし，工業的には高分子液晶も重要です．高分子は繊維やフィルムを作ったり，あるいはペットボトルやプラスチック容器などの成型品を作るのに広く使われています．ここでは，高強度の繊維を作るための液晶紡糸という技術を紹介しましょう．実は，蚕が糸をつむぐのにも液晶紡糸が用いられているのです．

高分子液晶にもリオトロピック液晶とサーモトロピック液晶があります．いずれも繊維に加工することができます．液晶紡糸では絡み合いのない剛直な棒状高分子を用い，**紡糸時のせん断で高度に配向させる**ことに成功したものです．

リオトロピック液晶で液晶紡糸をされたもっともよく知られた高分子は，商品名"ケブラー"と呼ばれるものです．40年ほど前に開発され，デュポン社から発売になりました．濃硫酸に溶解し，液晶状態にして紡糸することによって，高強度の繊維が得られます．分子構造自体が剛直な上，高強度，高耐熱性であり，同じ重さの鋼鉄と比較して5倍の強度をもちます．このような特性を生かし，船や飛行機，自転車などに用いられています．また，防弾チョッキに用いられたことでも有名です．

一方，サーモトロピック液晶は，クラレが"ベクトラン"という名前で商品化しています．この繊維も高強度，低吸湿性，耐摩耗性などの特徴から，釣り糸，漁網，水産ロープなどの水産資材として広く用いられています．

　また，ベクトランは難燃性で，燃焼してもケブラーのように有害なガスを出さないので，耐火ケーブルクロスに用いられています．1997年に火星に到着した探索機"マーズパスファインダー"には，ベクトランで作ったエアバッグやロープが使用されました．

液晶乳化

　この本のほとんどの話はサーモトロピック液晶，すなわち溶媒を含まない液晶の話です．ここでは液晶紡糸でも登場した，溶媒を含む液晶系，リオトロピック液晶の液晶乳化を使った応用について述べたいと思います．

　油と水のように**混ざり合わない二つの液体で，片方が微粒子となってもう片方の中に分散している状態**を"乳化"といいます．1.8節でも登場した多くの液晶状態はこのような状態です．乳化技術はクリーム，化粧品，シャンプーなどの商品には欠かすことのできない技術です．

　液晶乳化法は，界面活性剤が形成する液晶中に，例えば油や水を分散して，大きさ1ミクロン以下の細かな乳化粒子を生成させる技術です．水が油分を取り込んだ粒子や，油が水を取り込んだ粒子の両方の乳化も可能です．1.8節の図1.18に示した，ミセルと逆ミセルの構造を考えていただければ分かるでしょう．このようにして，ムースやトリートメントのような多量の油分を含めたい製品と，さっぱりとした使用感触の，水分を多く含んだクリーム製品を作ることが可能になります．このように，使用する液晶相も製品の用途に応

じて使い分けます．皮膚の角質を保護するためのクリームにはラメラ相を，ファンデーションにはヘキサゴナル相をといった具合です．

汗などで化粧崩れしないファンデーションは油を多く含んでいますから，逆に水で洗い流すことが困難です．こんなときにも心配はいりません．液晶乳化を使ったクレンジングクリームはファンデーションや油汚れを溶かし出し，水で洗い流すときには液晶が油を細かな粒子として包み込み，水でさっと洗い流せるようになるのです．その様子を図 6.4 に示します．このような性質には"細かな粒子"がみそです．そうでないと，大きな油の粒子がまた，肌に油の膜を作ってしまうのです．洗剤も化粧品と同じです．**液晶分子が油分を取り囲んで水に溶かし込み，水で油分を洗い流す**のです．液晶ならではの現象といえるでしょう．

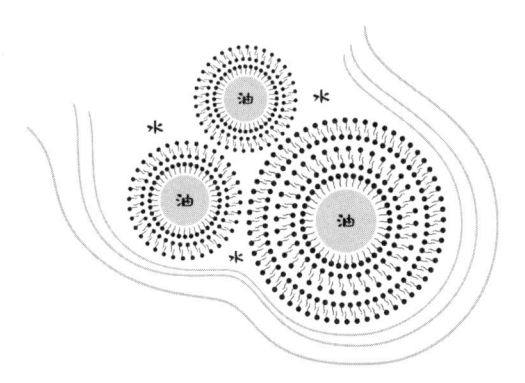

図 6.4 液晶乳化を用いた油分の取り込み

6.4 高分子と低分子液晶の複合系

低分子液晶の小さなかたまりを，高分子の中に埋め込んで使う応

用がいくつかあります．ここでは，液晶調光ガラスと電子ペーパーへの応用をおはなししましょう．

調光ガラス

スイッチ一つで透明なガラスからすりガラスに変身，液晶調光ガラスはそんなガラスです．外から見られたくないときはすりガラスに，外の景色を取り入れたいときは透明になる窓ガラスができるのです．また，これは浴室などのプライバシーを守ったり，素通しにしたりいろいろな応用が考えられます．ディスプレイ以外の応用で商品化された，液晶を使った製品の一つです．

ここで，液晶はどんな役目をしているのでしょう．光を散乱してすりガラス風にするには，表面に細かな凹凸をつけたり，屈折率の違う複数の物質をミクロン単位の細かさで混ぜるなどの方法があります．ガラスの表面の凹凸は，ガラスと空気という屈折率の違う二つの物質が形成していると考えると，いずれも同じことです．水のような一様な物質は光を散乱しませんし，水とアルコールといった異なる物質同士を混ぜても，分子のレベルで一様に混ざれば光を散乱しません．

低分子の液晶を高分子の中に分散した膜を作ります．液晶の平均の屈折率を高分子より大きくしておきます．すると，屈折率の違う二つの物質が混ざっていますので光が散乱します［図 6.5(a)］．この膜の両面に電圧をかけると，液晶分子が膜面に垂直になります．このとき，光は分子の長軸に沿って進むので，屈折率は小さくなります．さらに，このときの屈折率が高分子の屈折率と同じになるようにしておきますと，光は散乱せず透過します［図 6.5(b)］．これが液晶調光ガラスの原理です．電極を工夫したり，液晶分子の含まれる部分を制限したりすると，透明ガラスに絵が出たり，すりガラ

ス時に絵が出たりすることも可能です．ただ残念ながら，価格がかなり高いのが問題です．

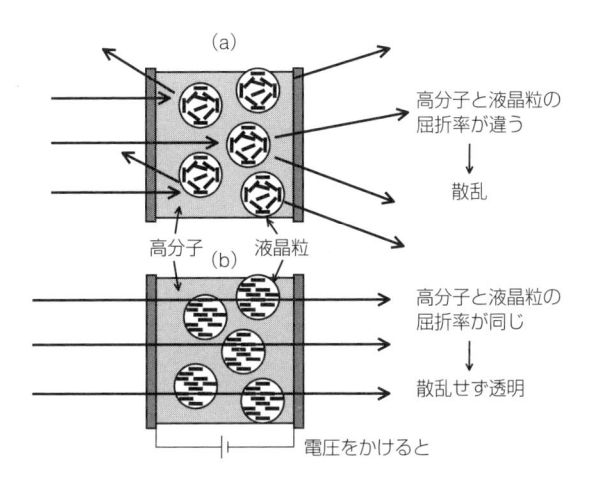

図 6.5 高分子分散液晶を用いた光散乱型シャッター

電子ペーパー

古くから，理想的なディスプレイとして，ペーパーライクディスプレイという言葉があります．いくら質のよいカラーディスプレイができても，上質のグラビアにはかなわない，活字を読むのもディスプレイ上で読むのは紙で読むよりははるかに疲れるという理由からです．それでも最近のディスプレイは，カラーの再現性からいっても，目の疲れ具合からいっても，かなり紙に近づいたと思うのは著者だけでしょうか．

とはいっても，紙をなるべく使わないオフィスを目指した電子ペーパーの研究開発は活発に行われています．また，**紙の，見やすさ，持ち運びやすさなどの利点に，コンピューターディスプレイの書き**

換え可能性，検索性能などの機能を複合した電子ペーパーは本当によいものができれば，まだまだその用途は広がることと思われます．

　電子ペーパーにはさまざまな種類があります．現在，先行しているのは電気泳動方式，通称 E-インクといわれるものです．これは液晶を使ったものではなく，着色した絶縁性液体中に白い絶縁性の微粒子を分散させたものを用いています．液晶と同じように，これらをガラスセルに封入し電圧をかけると，微粒子が電気泳動で表面から遠ざかるように移動し，着色表示になるというものです．実際には粒子の凝集や沈殿を防ぐように，液体と微粒子は直径 10 ミクロン程度のマイクロカプセルに入っています．液体として着色したものではなく，透明なものを用い，白と黒の 2 種類の微粒子が電気泳動で逆方向に移動するようにして，コントラストの高い白黒表示をさせているものもあります．

液晶を用いた電子ペーパー

　さて，それに対して液晶方式にもいろいろあります．この節で取り上げている，高分子と低分子の複合系を用いたものもいくつかあります．調光ガラスと同様な分散系を用い，放電現象を用いて膜全体に電圧をかけ，透明状態にしておき，針の先で温度を上げて像の書込みを行うタイプが発表されています．

　また，逆に低分子液晶に高分子のネットワークを導入した系も報告されています．表示の原理は調光ガラスと同じ光散乱を用いたり，液晶内に色素を添加し，液晶の配向変化による色素の吸収の異方性を用いたりします．

　高分子系を用いない液晶電子ペーパーの応用もたくさんあります．例えば，色素を含むスメクチック液晶に外部からイオン流をあ

てて，表面に電荷を付与することで電場をかけて，像を形成する方法や，コレステリック液晶を用い，きれいに配向した状態と配向の崩れた状態を用いて像を形成する方法などがあります．後者の場合は，書込みには電場や光が使われます．メモリ性（5.2 節）があるので，画像の保持ができるというメリットもあります．

これらいずれの場合も，書込み部と表示部を分離し，紙に近付けるような努力が払われています．

6.5 コレステリック液晶サーモグラフィー

コレステリック液晶を用いた応用をいくつか紹介しましょう．コレステリック液晶が，そのらせんピッチに対応し，かつ，**らせんと同じ巻きの円偏光を選択的に反射することと，らせんピッチが温度に依存して変化する性質**を用いたものです．

様々な応用のためには，フィルムにすることが重要です．でも，コレステリック液晶が温度によってピッチを変えるためには，コレステリック液晶自身をそのままフィルムにすることはできません．このためにまず，コレステリック液晶をカプセル化して用います．

液晶をゼラチンに混ぜると，ゼラチンはあるサイズの液晶の周りを覆ってカプセルを作ります．これをシート状にしてフィルムにするのです．マイクロカプセル化された液晶は流れ出ることはありませんし，液晶状態を保ちます．

このようなシートに手をのせてみましょう．手によって温められた液晶はらせんピッチが変化し，ピッチが可視光域に入ると，鮮やかな反射光を発します．このような原理を使ったフィルムは医療現場でも使われました．癌（がん）の部分の温度が正常な体温と違うことを利用して，このフィルムを胸に押し当てることによって乳ガ

ンの発見に用いるのです.

その他,小物ではまだまだいろいろあります.コレステリック温度計や飲みごろサイン表示フィルムです.どの温度領域で異なる色を表示したいかを考えて調整したコレステリック液晶を用いて,温度を色で表示するのです.

6.6 フォトニック効果,レーザ

フォトニック効果とは可視光の波長の周期性がもたらす様々な光学現象です.フォトニック効果を示す物質には1次元,2次元,3次元の構造がありますが,このようなミクロな構造を作るためには,一般に高度な技術が必要です.

コレステリック液晶は可視光域の周期をもつらせん構造を自発的に形成しますが,コレステリック液晶のフォトニック構造を用いた,高度な応用もあります.コレステリック液晶は外から入れた光に対して選択反射という現象を示すことは6.5節で述べたとおりです.それでは,コレステリック液晶内部で発生した光はどうなるでしょう.

例えば,右らせんをもつコレステリック液晶中に少量の蛍光体(色素)を添加し,外から光で励起してやります(図6.6).蛍光体から発生した光(蛍光)を,右円偏光と左円偏光に分けて考えてみましょう.ここで蛍光の波長は,ちょうどコレステリック液晶のらせんピッチと一致しているとします.蛍光の左円偏光成分は,通常の発光体からの蛍光のように外部に取り出されます.しかし,右円偏光はどうでしょう.らせんの軸に沿って進む光は**選択反射**によって反射を受けます.したがって,**この光はらせん構造中に閉じ込められることになります.励起光の強度をどんどん増していくと,つ**

6.6 フォトニック効果，レーザ

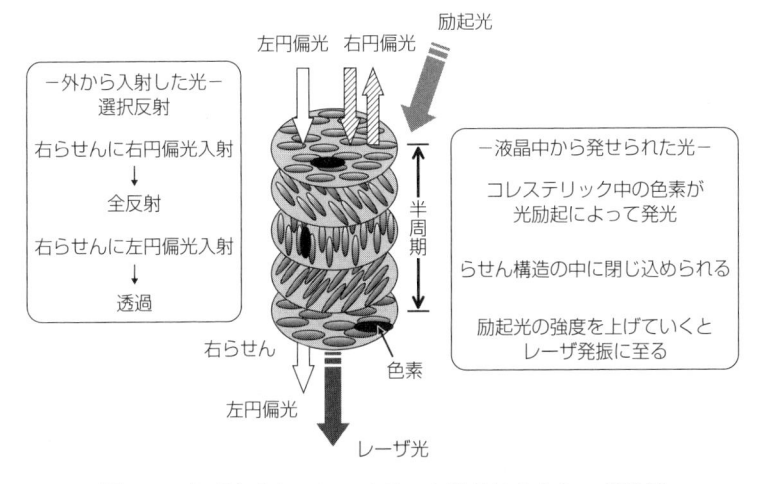

図 6.6 色素を含むコレステリック液晶によるレーザ発振

いにはレーザ発振に至ります．

　レーザは励起状態にためた電子を一気に基底状態に落とすことによって，位相（波の山と谷）のそろった単色光を発生する現象です．そのためには，発光を閉じ込めるためのキャビティと呼ばれる光学素子を必要とします．それは通常は2枚の鏡で，レーザ物質をはさむように配置されます．色素を含むコレステリック液晶は，自分自身がレーザ物質であると同時にキャビティでもあるのです．

　このようにして発生する光は広がることなく，らせん軸方向に進みます．その様子を図 6.7 に示します．また，単色で非常にピーク強度の高い光になります．通常の発光スペクトルとレーザ発振時のスペクトルを比較したのが図 6.8 です．

　液晶のよいところは，らせんピッチの長さをいろいろな方法で変えられるということです．例えば，ピッチの長さは温度の敏感な関

数ですし,電場や光で変えることもできます.あるいは,液晶をフィルム化した場合には,フィルムを延伸することによってフィルム厚を薄くし,それによってピッチを短くすることも可能です.

非常に活発に研究が行なわれていますが,実用化はまだまだ先のようです.その原因はコレステリック液晶の原因というより,むし

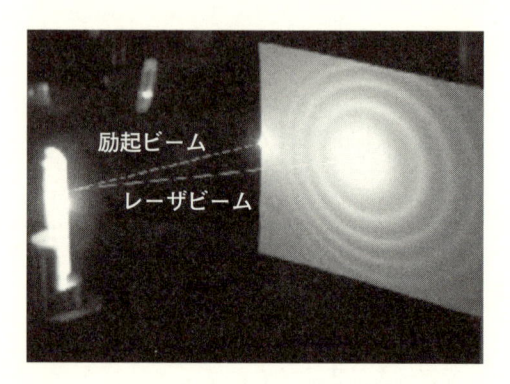

図 6.7 レーザ発振のスクリーン上のイメージ

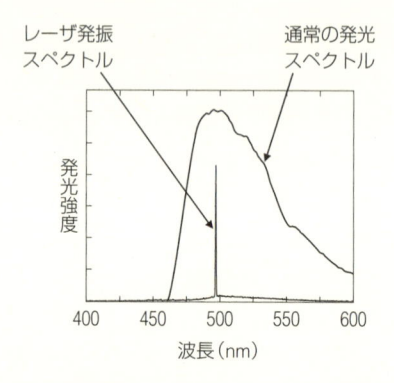

図 6.8 通常の蛍光スペクトルとレーザ発振スペクトル

ろ色素の光安定性です．また，現在のところピーク強度の高いパルスレーザで励起しなければ，レーザ発振には至りません．光ダイオードなどの連続光の励起でレーザ発振するようになると，また一歩，応用に近付くでしょう．

6.7 液晶半導体

有機物は通常絶縁体です．液晶も例外ではありません．固体の電気伝導率を決める要素は三つあります．電気を運ぶ物質（例えば電子）の電荷量と，それがどれくらいあるか（**電荷密度**），その電荷がどれくらい早く動くか（**移動度**）です．移動度は結晶では大きく，多くの高分子のように結晶性のない（アモルファス）物質では圧倒的に小さくなります．微結晶からなる物質の場合もそれほど大きくはなりません．では，液晶ではどうでしょう．

液晶における移動度の報告によれば，**スメクチック液晶やディスコチックカラムナー液晶では，当然，結晶のようにはいきませんが，かなり大きな移動度をもつものも見いだされています．**

有機物でトランジスタを作る研究が盛んですが，液晶もその配向性などの観点から大きな可能性を秘めています．移動度には異方性があり，移動度の大きな向きを電場の方向と一致させることによって，大きな移動度を用いることができるからです．アクティブマトリクス液晶ディスプレイで使った薄膜トランジスタ（TFT）を，有機物で作ることも将来は可能になることでしょう．そうすると曲がるディスプレイにいっそう近付くことができることでしょう．

電気伝導性を上げるもう一つの方法は，電荷密度を上げることです．そのためには光を使うことができます．光で励起して作った電子を電荷とするのです．このような現象を光伝導性といいます．電

子写真(コピー機)の内部には有機物の光伝導体が使われています.液晶中の電子の移動度が大きければ,高速の光伝導が実現できるかもしれません.

　液晶のひらく応用の舞台もまだまだ広がりをもっています.

第6章のまとめ

- 液晶の等方相を用いると高速シャッターに応用できる．
- 液晶は可変焦点レンズに応用できる．
- 液晶性を用いると高度に配向した高強度の繊維をつくることができる．
- 液晶乳化は化粧品の重要な性質である．
- 高分子と低分子液晶の混合系を用いた調光ガラスは散乱，非散乱状態を利用する．
- 液晶を用いた電子ペーパーも有望である．
- コレステリック液晶は自発的に1次元のフォトニック構造を形成する．
- 液晶はディスプレイ以外の電子デバイス，光学デバイスにも高いポテンシャルをもつ．

参考文献

液晶一般（初心者向け）
(1) 日本液晶学会編（2007）：液晶科学実験入門，シグマ出版
(2) 竹添秀男，渡辺順次（2004）：液晶・高分子入門，裳華房
(3) 苗村省平（2004）：はじめての液晶ディスプレイ技術，工業調査会
(4) 竹添秀男，高西陽一，宮地弘一（1999）：液晶のしくみがわかる本，技術評論社
(5) 竹添秀男（1995）：液晶のつくる世界－画像をかえた素材，ポプラ社
(6) 佐藤進（1994）：液晶の世界，産業図書

液晶一般（専門家向け）
(1) 折原宏（2004）：液晶の物理，内田老鶴圃
(2) 液晶若手研究会編（1997）：液晶材料研究の基礎と新展開，シグマ出版
(3) チャンドラゼカール（1995）：液晶の物理学，吉岡書店
(4) P.G. de Gennes & J. Prost（1993）：The Physics of Liquid Crystals, Oxford
(5) 福田敦夫，竹添秀男（1990）：強誘電性液晶の構造と物性，コロナ社

液晶の応用
(1) 谷千束（1998）：ディスプレイ先端技術，共立出版
(2) 液晶若手研究会編（1997）：液晶：LCDの基礎と新しい応用，シグマ出版
(3) 液晶若手研究会編（1996）：液晶ディスプレイの最先端，シグマ出版
(4) 松本正一他（1996）：液晶ディスプレイ技術，産業図書

事典，ハンドブック
(1) D. Demus et al.（1996）：Handbook of Liquid Crystals, Whiey-VCH
(2) 日本学術振興会第142委員会（1989）：液晶事典，培風館
(3) 日本学術振興会第142委員会編（1989）：液晶デバイスハンドブック，日刊工業新聞社

雑誌
(1) 「フラットパネルディスプレイ」日経BP（年間）
(2) 「液晶」日本液晶学会（季刊）

索　引

【A–Z】

IP 型　60
MBBA　22
nCB　22
RCA　95
SSFLC　143
STN 型　64
TFT　100
TGB 相　154
TN 型　47
VA 型　59

【あ行】

アクティブ型　65
アクティブマトリクス型　66
アルキル鎖　23
アンカリング力　80
異方性　14
インパルス方式　124
液晶　12
　——産業発展の様子　99
　——状態　15
　——調光ガラス　176
　——乳化法　174
　——の配向制御法　49
　——の発見　34
　——半導体　183
　——分子の構造　23

オーダーパラメーター　16

【か行】

カー効果　169
画素分割法　113
カラーフィルター　69, 106
カラムナー液晶　20
カラムナーネマチック相　21
キャビティ　181
キュービック相　157
強誘電性　138
強誘電性液晶　143
　——ディスプレイの特徴　144
強誘電体　139
極角アンカリング　80
キラリティ　24
キラル分子　24
屈折率異方性　57, 83
グレイン　154
クロストーク　64
光学異性体　24
構造色　29
コレステリック液晶　26
コントラスト比　119

【さ行】

サーモトロピック液晶　36, 174
シアノビフェニル　22

自発光型　44
視野角拡大フィルム　114
周期構造　27
主鎖型高分子液晶　35
掌性　24
親水基　36
垂直配向型　50, 57
水平配向　51
スメクチック液晶　18
正の誘電異方性　75
セグメント表示　61
線欠陥　85
線順次方式　63
選択反射　28, 180
側鎖型高分子液晶　35
疎水基　36

【た行】

ダイレクター　16
楕円偏光　58
ダブルツイスト構造　156
弾性　72
秩序度　16
直線偏光　27, 44
ツイステッドネマチック型　47
ディスコチックネマチック液晶　20
テクスチャー　88
転位　85
電気的な異方性　75
転傾　86
点欠陥　85
電子ペーパー　133

【な行】

2分子膜　37
乳化　174
ねじり変形　72
ねじれ転傾　89
ネマチック液晶　18

【は行】

配向　49
　——ベクトル　16
　——膜　50
排除体積効果　18
薄膜トランジスタ　66, 100
バックライトシステム　105
パッシブ型　65
バナナ形液晶　158
パララックスバリア方式　127
パルス電場印加　151
反強誘電性液晶　146
反強誘電性構造　147
光配向法　53
非発光型　44
表面安定化強誘電性液晶　143
広がり変形　72
フィールドシーケンシャルカラー方式　122
フォトニック効果　180
複屈折　57, 83
物質の三態　12
負の誘電異方性　75
ブルー相　155
フレクソエレクトリック現象　79

プレチルト角　55
フレデリックス転移　82
ベンゼン環　23
方位角アンカリング　80
ホールド方式　124
ホモキラル　161
ホログラム　128

【ま行】

曲げ変形　72
マザーガラス　107
マトリックス表示　62
ミセル構造　37
メソゲン部　35
面欠陥　85
面内スイッチング型　57

【や行】

誘電率の異方性　75
ユビキタス　121

【ら行】

ライニッツァー　32
ラセミ体　30
ラセミック　161
らせん構造　26
らせん転位　155
ラビング　51
リオトロピック液晶　36, 173
リサイクル　135
リブ型　114
両親媒性分子　36
レーザ発振　181
レーマン　33
レンチキュラーレンズ方式　127

竹添　秀男 (たけぞえ　ひでお)

1975 年　東京教育大学大学院理学研究科博士課程修了
同　年　日本学術振興会奨励研究員
1976 年　東京工業大学工学部有機材料工学科助手
1979 年　米国ウイスコンシン大学化学科客員研究員 (2 年間)
1986 年　東京工業大学工学部有機材料工学科助教授
1991 年　東京工業大学工学部有機材料工学科教授
1999 年　東京工業大学大学院理工学研究科有機・高分子物質教授
　　　　現在に至る．理学博士
学会活動：応用物理学会常務理事 (1994 - 1996 年)，国際液晶学会理事 (1999 - 2002 年)，日本液晶学会会長 (2005 - 2007 年)
主な受賞：応用物理学会論文賞 (1990 年)，液晶学会　業績賞 (2000 年)，応用物理学会解説論文賞 (2007 年)
主な著書：強誘電性液晶の構造と物性 (コロナ社，1990)，液晶のつくる世界 (ポプラ社，1995)，液晶・液晶ディスプレイ入門 (技術評論社，1999)，液晶・高分子入門 (裳華房，2004)

液晶のおはなし
―その不思議な振舞いを探る―

定価：本体 1,500 円（税別）

2008 年 3 月 24 日　第 1 版第 1 刷発行

著　者　竹添　秀男
発行者　島　弘志
発行所　財団法人 日本規格協会
　　　　〒107-8440　東京都港区赤坂 4 丁目 1-24
　　　　http://www.jsa.or.jp/
　　　　振替　00160-2-195146
印刷所　株式会社 平文社
製　作　株式会社 大知

© Hideo Takezoe, 2008　　　　　　　　　　Printed in Japan
ISBN978-4-542-90280-0

当会発行図書，海外規格のお求めは，下記をご利用ください．
　出版サービス第一課：(03)3583-8002
　書店販売：(03)3583-8041　　注文 FAX：(03)3583-0462
　JSA Web Store：http://www.webstore.jsa.or.jp/
編集に関するお問合せは，下記をご利用ください．
　編集第一課：(03)3583-8007　　FAX：(03)3582-3372
●本書及び当会発行図書に関するご感想・ご意見・ご要望等を，
　氏名・年齢・住所・連絡先を明記の上，下記へお寄せください．
　　　e-mail：dokusya@jsa.or.jp
　(個人情報の取り扱いについては，当会の個人情報保護方針によります．)